ARCHITECTURE 建筑

普通高等教育土建学科「十三五」规划教材

计算机建筑表现

建筑综合表现技法——

JISUANJI JIANZHU BIAOXIAN

主　编　姚　阳　甘　亮　董莉莉

参　编　董文静　任鹏宇　周　筠
刘　洁　魏　晓

華中科技大學出版社
http://www.hustp.com
中国·武汉

内 容 简 介

本书主要讲解Photoshop在建筑表现后期处理中的应用，详细介绍了制作建筑效果图的常用技术及操作技巧。本书在组织内容时，充分考虑初学者的学习需求，在前面两个章节精心安排了基础内容，包括计算机建筑表现基础知识及Photoshop软件常用工具和命令；从第3章开始，结合案例介绍建筑后期表现的各个方面的技巧，在实例中穿插讲解一些实用的小方法；通过对实例的剖析，讲解平面图、立面图、透视图、鸟瞰图等效果图的制作方法，同时对图面的色调和光效处理也进行了详细阐述，在本书最后一章对建筑后期表现的特殊效果进行了介绍，包括水彩效果、线条效果、彩铅效果、雨景效果、雪景效果、云雾效果的制作等。通过对本书的学习，读者能够学习到建筑表现的一些非常重要的实践经验。

为了方便教学，本书还配有电子课件等教学资源包，任课教师和学生可以登录"我们爱读书"网(www. ibook4us. com)免费注册并浏览，或者发邮件至husttujian@163. com免费索取。

本书操作性与可读性强，可作为高等院校建筑、环境艺术专业的教材，也适合于建筑、室内外装潢设计从业人员参考学习。

图书在版编目(CIP)数据

建筑综合表现技法. 计算机建筑表现/姚阳，甘亮，董莉莉主编. —武汉：华中科技大学出版社，2017. 6
普通高等教育土建学科"十三五"规划教材
ISBN 978-7-5680-2784-7

Ⅰ. ①建… Ⅱ. ①姚… ②甘… ③董… Ⅲ. ①建筑制图-计算机辅助设计-高等学校-教材 Ⅳ. ①TU204

中国版本图书馆CIP数据核字(2017)第095959号

建筑综合表现技法——计算机建筑表现
Jianzhu Zonghe Biaoxian Jifa—Jisuanji Jianzhu Biaoxian

姚　阳　甘　亮　董莉莉　主编

策划编辑：康　序
责任编辑：康　序
封面设计：孢　子
责任监印：朱　玢
出版发行：华中科技大学出版社(中国·武汉)　电话：(027)81321913
武汉市东湖新技术开发区华工科技园　邮编：430223
录　　排：武汉正风天下文化发展有限公司
印　　刷：武汉科源印刷设计有限公司
开　　本：880mm×1230mm　1/16
印　　张：10
字　　数：303千字
版　　次：2017年6月第1版第1次印刷
定　　价：48.00元

前言

“

随着计算机技术的不断发展，计算机已经被广泛应用于各个领域。应用计算机作为处理平台，对建筑进行表现，不仅操作快速、修改方便，同时便于输出与保存，还能充分展现建筑设计人员的设计初衷。

Photoshop 是 Adobe 公司旗下的图形图像处理软件之一，是集图像扫描、编辑修改、图像制作、广告创意、图像输入与输出于一体的图形图像处理软件，深受广大设计人员的喜爱。Photoshop 中强大的功能为图形图像处理工作者提供了很大的发挥空间。建筑效果图用于呈现建筑方案的最终效果，它的一般制作流程是先使用 CAD 软件进行方案设计，然后在 3Ds Max 软件中进行建模和渲染，最后将渲染出来的文件导入 Photoshop 软件中进行画面效果的调整和配景的处理，完成最终的建筑效果。用 Photoshop 软件制作出的建筑效果图，非常逼真，能带给人们身临其境的感受。

本书主要讲解 Photoshop 在建筑表现后期处理中的应用，详细介绍了制作建筑效果图的常用技术及操作技巧。本书在组织内容时，充分考虑初学者的学习需求，在前面两个章节精心安排了基础内容，包括计算机建筑表现基础知识和 Photoshop 软件常用工具和命令；从第 3 章开始，结合案例介绍建筑后期表现的各个方面的技巧，在实例中穿插讲解一些实用的小方法；通过对实例的剖析，讲解平面图、立面图、透视图、鸟瞰图等效果图的制作方法，同时对图面的色调和光效处理也进行了详细阐述，在本书最后一章对建筑后期表现的特殊效果进行了介绍，包括水彩效果、线条效果、彩铅效果、雨景效果、雪景效果、云雾效果的制作等。通过对本书的学习，读者能够学习到后期表现的一些非常重要的实践经验。本书的主要特色如下。

（1）技法专业，针对性强　结合多种工具，以专业的手法将技法与表现完美结合，立足于建筑效果图后期表现的特点，对各种表现风格、绘图方法和绘制技巧进行有针对性的详细剖析。

（2）案例齐全，内容新颖　本书案例丰富，涵盖了建筑后期表现中大部分案例类型。在内容上，对效果图的色彩和光效处理进行详细分析并增加艺术化效果图制作这个部分，是同类建筑后期表现书籍的一个新突破。

（3）讲解深入，系统全面　在实例中穿插技术分析和理论讲解，分门别类地对表现图的制作方法进行深入的探讨，介绍一些实用的小技巧、小方案使读者在学习过程中能够积累相应的实践经验。全书内容覆盖建筑、园林、规划等相关领域，综合性强，系统全面。

（4）步骤详尽，通俗易懂　对各种表现技法的绘制步骤作详细讲解，用大量易于理解的心得和窍门，帮助读者掌握计算机建筑表现的知识脉络。

（5）练习经典，难度适宜　通过设计难度适宜以及经典的课后练习，让读者将学到的理论知识较好地运用到实际案例中，为提升读者的专业素养打下坚实的基础。

经过长时间的组织、策划和创作，本书终于如期面世，在编写过程中，虽然编者始终坚持严谨、求实的作风，但由于编者水平有限和时间仓促，不足之处在所难免，敬请读者批评、指正，编者将诚恳接受相关意见，并在修订再版的过程中不断改进。

为了方便教学，本书还配有电子课件等教学资源包，任课教师和学生可以登录“我们爱读书”网（www.ibook4us.com）免费注册并浏览，或者发邮件至 husttujian@163.com 免费索取。

编者

2017 年 3 月

CONTENTS 目录

01 第1章 计算机建筑表现基础知识

02 1.1 什么是建筑表现
02 1.2 计算机建筑表现的特点
02 1.3 计算机建筑表现的学习内容与技巧、方法
03 1.4 常用的计算机建筑表现软件介绍
04 1.5 计算机建筑表现的流程
06 1.6 建筑表现图的种类
08 1.7 图形图像概念知识

13 第2章 Photoshop 软件常用的工具和命令

14 2.1 Photoshop 工作界面简介
18 2.2 图像选择工具
23 2.3 图像编辑工具
28 2.4 图像选择和编辑命令

39 第3章 平面效果图制作

40 3.1 Photoshop 平面效果图制作流程概述
40 3.2 从 Auto CAD 中输出 EPS 文件
45 3.3 平面图建筑轮廓的制作
46 3.4 平面图室内模块的制作与引用(定义图案法制作)
51 3.5 彩色总平面图制作

61 第4章 立面效果图制作

62 4.1 Photoshop 立面效果图制作流程概述
62 4.2 建筑立面图制作
64 4.3 建筑立面图效果的制作

69 第5章 建筑效果图表现方法与技巧

70 5.1 效果图后期制作的注意要点
70 5.2 建筑效果图表现方法与技巧
77 5.3 实例演示——别墅效果图制作

95 第6章 效果图的色彩和光效处理

96 6.1 效果图的处理思路
100 6.2 建筑与环境的色彩处理
103 6.3 建筑与光影的处理
104 6.4 室内常用光效的制作要点
110 6.5 室外常用光效的制作要点
117 6.6 实例演示——效果图日景和夜景的相互转换

123 第7章 鸟瞰效果图后期处理

126 7.1 天空的处理
127 7.2 草地处理
129 7.3 路面处理
135 7.4 制作水面
137 7.5 给水面添加倒影操作
138 7.6 种植树木

143 第8章 效果图的艺术处理

144 8.1 水彩效果制作
146 8.2 线条效果制作
148 8.3 彩铅效果制作
149 8.4 雨景效果制作
151 8.5 雪景效果制作
153 8.6 云雾效果制作

第1章

计算机建筑表现基础知识

JISUANJI JIANZHU BIAOXIAN JICHU ZHISHI

1.1 什么是建筑表现

建筑表现是建筑设计过程中的一个环节，也是形象的展示建筑方案的必要手段。建筑表现的种类很多，各种表现手法在色调、质感、环境渲染、光影、造型特征和空间性格等方面的处理上都各有千秋，随着社会的进步和技术的发展，建筑表现也由早先对铅笔、钢笔、毛笔、喷笔、马克笔等的运用发展到现在的计算机绘画。

1.2 计算机建筑表现的特点

随着信息技术和建筑业的发展，计算机图像的艺术魅力和实用价值越来越受到业内的关注。与其他种类的建筑表现手段相比，计算机建筑表现以设计图为依据，以其独特的美学品质，在透视角度的选择上，在光影、色彩、材质、形体、立面划分、细部刻画、建筑与周围环境整体性的表达及配景处理上，都有明显优势，它能清晰准确，较为客观、逼真的反映建筑师的设计意图。

使用计算机进行建筑表现有两种形式：静态表现和动态表现。静态表现图是使用计算机进行建筑表现的最初形式，它是设计师向业主展示其作品的设计意图、空间环境、色彩效果与材料质感的一种重要手段。动态表现，又称建筑动画则突破了使用效果图表现建筑时在平面上进行三维建筑表现的局限，在建筑空间的表现中加入了时间的节奏，表达建筑空间环境可居可行、可游可观的真实场景和体验价值，建筑动画与建筑效果图的作用是一样的，即创作者展现自己作品，吸引业主和获取设计项目。在表现形式上建筑动画更加直观。但到目前为止，建筑动画技术还处在发展阶段，静态表现图仍处于主导地位，二者暂时不会互相替代，而是在建筑表现行业中并行发展。

计算机建筑表现在对建筑真实性和精确性的表达上具有很大的优势，然而在用计算机进行表达时，除了表现建筑的形式美感，还要注重建筑空间环境整体意境的渲染与营造，即“建筑意”的表达不仅要“真境逼”，还要“神境生”，这就要求作者不仅要熟悉计算机技术，更要具备良好的建筑学以及绘画艺术方面的修养。

1.3 计算机建筑表现的学习内容与技巧、方法

1.3.1 计算机建筑表现的学习内容

学习计算机建筑表现不仅包括对相关的图形绘制和图形软件的熟练运用，完成建筑方案的设计，建筑

方案的平、立、剖面的表达，模型的建立，以及效果图后期处理，还包括方案汇报的输出和文本的制作。

1.3.2 计算机建筑表现的学习技巧与方法

● 观察：学习杂志、书本上的图画，这有助于扩大视野，并且会提供促使设计者去创作高质量作品的动力。

● 演示：抓住一切机会去观察别人是如何绘图的，因为这个过程展示了绘图的真实过程，会减少初学者对绘图的神秘感，并有助于增强自信心。

● 收集：收集绘图方面的参考书，观察好的绘图例子，将它们分类归档，用于检索查阅，以及用于产生新的想法。

● 模仿：挑出好的作品，然后进行模仿，但应注意不要让模仿成为学习者发展的障碍。

● 自信：永远不要气馁，自信是关键，学习者获得的自信越大，其创作能力就越强，从而进步得越快。

● 创造性：任何时候都应富有创造力。

● 随意：不要害怕犯错误和冒险，要知道这也是一种学习和进步的方法。

● 实践：没有实践，就永远不可能有进步，因此要经常练习和实践。

● 坚持：锲而不舍的努力，永远不要放弃。

● 批评：没有批评意见，就容易重复犯相同的错误，要学会接受有帮助的批评。

● 改进：想方设法地提高自己的能力，增加自己对设计、表现的理解，进步源于不断的实践和有帮助的批评，以及不断超越自己能力的极限。

● 共享：与别人分享你的作品，将自己掌握的知识进一步巩固。

1.4 常用的计算机建筑表现软件介绍

1.4.1 AutoCAD

AutoCAD(autodesk computer aided design)是 Autodesk(欧特克)公司于 1982 年开发的自动计算机辅助设计软件，用于二维绘图和基本三维设计，现已经成为国际上广为流行的绘图工具。AutoCAD 具有良好的用户界面，通过交互菜单或命令行方式便可以进行各种操作。它的多文档设计环境，让非计算机专业人员也能很快地学会使用。在不断实践的过程中熟练掌握它的各种应用和开发技巧，可以有效提高工作效率。AutoCAD 具有广泛的适应性，它可以在各种操作系统支持的微型计算机和工作站上运行。

1.4.2 3ds MAX

3ds MAX 是美国 Autodesk 公司旗下优秀的计算机三维动画、模型和渲染软件，其全称为 3D Studio MAX。该软件早期名为 3DS，是应用在 DOS 环境下的三维软件，之后随着 PC 机的高速发展，Autodesk 公司于 1993 年开始研发基于 PC 下的三维软件，1996 年 3D Studio MAX V1.0 问世，其图形化的操作界面，使应用更为方便。3D Studio MAX 从 V4.0 开始简写为 3ds MAX，先后历经 V1.2,2.5,3.0,4.0,5.0 等版本。Autodesk 坚持不懈的努力，不断更新更高级的版本，逐步完善了灯光、材质渲染，模型和动画制作。其广泛应用于三维动画、影视制作、建筑设计等各种静态、动态场景的模拟制作。

1.4.3 Photoshop

Photoshop 是美国 Adobe 公司开发的图像设计及处理软件，以其强大的功能倍受用户的青睐。它是一个集图像扫描、编辑修改、图像制作、广告创意、图像合成、图像输入/输出、网页制作于一体的专业图形处理软件。Adobe Photoshop 为美术设计人员提供了无限的创意空间，可以从一个空白的画面或从一幅现成的图像开始，通过各种绘图工具的配合使用及图像调整方式的组合，在图像中任意调整颜色、明度、彩度、对比、甚至轮廓及图像；通过几十种特殊滤镜的处理，为作品增添变幻无穷的魅力。Adobe Photoshop 设计的所有结果均可以输出到彩色喷墨打印机、激光打印机打印出来，当然也可以复制至任何出版印刷系统，是从事平面设计人员的首选工具。Adobe Photoshop 从诞生至今，随着其版本的不断提高，其功能也越来越强大。就一般的图形处理业务而言，使用的功能大概不到其全部功能的三分之一。

1.4.4 CorelDRAW

CorelDRAW 是由加拿大 Corel 公司开发的、功能强大的矢量绘图工具，也是国内外最流行的平面设计软件之一，CorelDRAW 是集平面设计和计算机绘画功能为一体的专业设计软件，被广泛应用于平面设计、广告设计、企业形象设计、字体设计、插图设计、工业造型设计、建筑平面图绘制、Web 图形设计、包装设计、技术表现插图等多个领域。

1.5 计算机建筑表现的流程

1.5.1 设计、整理图纸

首先在 CAD 中绘制建筑设计方案，然后整理图纸，在 CAD 中把不需要的部分删除(或者通过图层隐藏标尺、文件注释等一些辅助线形)，以减少导入 3ds MAX 软件中时占用不必要的系统资源，而且精简的图纸也方便设计者参考与操作。整理图纸后的形态如图 1-1 所示。

1.5.2 导入图纸

在 3ds MAX 软件中，选择【文件】/【导入】命令，将处理过的 CAD 文件导入场景中。在导入图纸前，一定要设置好系统单位。然后，在视图场景中将导入的图纸文件分别在不同的视图中执行旋转命令，用移动工具按照实际的图纸位置进行捕捉对准。

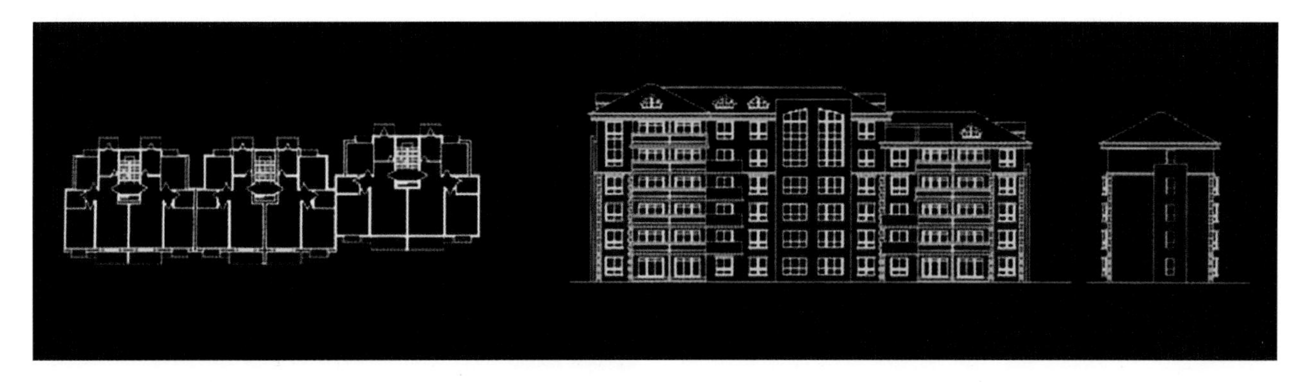

图 1-1 整理图纸

1.5.3 建立模型

在 3ds MAX 中可以直接进行建模,而且建模方法也很多。对于基础模型的创建,可以直接使用系统提供的标准基本体或扩展基本体,如方体、球体、圆柱、倒角等。另外,也可以先建立二维图形,然后再使用【挤出】命令将其转换成三维模型。对于复杂的三维物体,可以先建立基础模型,然后再使用修改命令进行调整。

1.5.4 材质的调整

每一部分建筑构件造型制作完成后,就应该根据图纸设计的外观效果调整其材质并赋给该建筑构件。同时应调整每个建筑构件造型的比例大小并将它们放置于适当的位置,从而构成整体建筑空间结构,完成效果图场景的主体构架。编辑材质不像建模,能根据施工图的数据进行精确地建模,它只能根据对不同材料质感的理解,借助经验,再结合灯光的设置,综合各方面进行考虑并反复调试,这样才能制作出适合的材质。

建筑材料是建筑产品的基础材料,应综合其实用性、功能性与观赏性来决定建筑产品的性能。室外常用材料有外墙涂料、铝塑板、玻璃幕墙、墙砖、马赛克、花岗岩等。

1.5.5 摄影机和灯光的设置

基本模型制作完成后,就要在场景中布置适当的摄影机和灯光效果。摄影机和灯光在三维创作中有着举足轻重的作用,它们不仅可以运用于静态场景中,还可以用于表现动态的灯光和摄影机效果。

制作效果图时,一个场景可以设定多架摄影机,并可以从不同的角度观察效果图。在一般的建筑效果图中,大多都将摄影机设置为两点透视关系,摄影机的镜头和目标点在一个水平面上,距地面约为 1.7 m(即人眼的高度),这种摄影机视角观察到的建筑效果最接近人的肉眼所观察到的效果。

在 3ds MAX 中,设置灯光时系统默认的灯光会自动关闭。另外,灯光的色彩可以根据需要来指定,所有灯光都可以投射阴影、投射图像、附加质量等。

1.5.6 后期处理

在 3ds MAX 中,渲染完成的效果图只是一个初级产品。在一般情况下,还要将渲染完成的效果图导入

Photoshop 中进行后期处理。这里所涉及的主要内容包括以下几个方面：①修改图像中的缺陷，主要是修改模型的缺陷或由于灯光设置所形成的错误，这是效果图后期处理的第一步工作；②调整图像的品质，通常使用【亮度】/【对比度】、【色相】/【饱和度】、【色彩平衡】等命令进行调整，调整其整个画面的基调色、亮度及反差，纠正效果图的色偏，增强效果图的立体感和层次感；③添加各种配景使画面显得更为生动，进行适当的光影效果处理等，使效果图看上去更为生动逼真，这是后期处理中工作量最大、效果最突出的一步；④制作特殊效果、添加配饰植物等，如制作太阳光晕、喷泉等；⑤将完成的作品打印输出，再经过装裱处理，生成最终的效果图作品。如图 1-2 所示为通过 Photoshop 处理前、后的效果对比。

（a）处理前

（b）处理后

图 1-2 使用 Photoshop 处理前后的效果

1.6 建筑表现图的种类

1.6.1 建筑表现图的种类

1. 按图纸性质分类

建筑表现图根据其图纸性质的不同可分为：彩色总平面图、立面图和建筑效果图。

总平面图一般使用 AutoCAD 进行绘制，由于使用了大量的建筑专业图例符号，非建筑专业人员一般很难看懂，但如果在 Photoshop 中进行填色，添加相应的树、水、建筑小品等图形模块，总平面图就会立刻变得形象、生动且浅显易懂，这样就可以大大方便设计师与非专业人士之间的交流。

与总平面不同，建筑立面图主要用于表现建筑的正面、背面或侧面的建筑效果。传统的建筑立面效果都是以单一的颜色填充为主要表现手段，但这种表达难免生硬，用 Photoshop 进行后期表现后的图纸效果更加直观和生动。

建筑效果图就是把环境景观建筑用写实的手法通过图形的方式来表达。所谓效果图就是在建筑、装饰施工之前，通过图纸，把施工后的实际效果用真实和直观的视图表现出来，让大家能够一目了然地看到施工后的实际效果。建筑效果图根据其表现场景的不同可分为：室外建筑效果图和室内建筑效果图。

室外建筑效果图是以展示建筑外观为主的效果图，根据室外建筑效果图绘制景色的不同还可以分为：日景和夜景，如图 1-3 和图 1-4 所示。

图 1-3　室外建筑效果图(日景)

图 1-4　室外建筑效果图(夜景)

根据摄像机角度的不同，还可将室外建筑效果图分为：透视效果图和鸟瞰效果图，如图 1-5 所示。

(a) 透视效果图

(b) 鸟瞰效果图

图 1-5　透视效果图和鸟瞰效果图

室内建筑效果图，可以分为工装图和家装图两种类型，如图 1-6 所示。

2. 按表现手法分类

无论是室外建筑效果图还是室内建筑效果图，根据其表现手法的不同还可以分为：写实风格、草图风格、艺术化风格等不同风格类型。

写实风格的建筑效果图，主要用于反映建筑在建成环境中的实际效果，能比较真实、全面地反映建筑本身的造型、空间、光影、色彩、材质和细部等各个环节的特色，是目前计算机建筑效果图的主流。创作者除了需要建立准确的模型外，还应在灯光、材质的设置以及建筑周围环境模拟等方面进行深入的刻画，同时还需要做大量的后期处理工作。

（a）工装效果图

（b）家装效果图

图 1-6　室内建筑工装效果图和家装效果图

草图风格的建筑效果图，主要用于表达作者的设计意图和研究建筑造型。在制作过程中，追求建筑形象的抽象表达，一般不进行过多的后期处理。

艺术化风格建筑效果图往往超越建筑的真实性，追求各种特殊的艺术风格，如在色彩、结构方面用夸张的手笔，体现创作者自身的喜好。

1.7 图形图像概念知识

在使用 Photoshop 软件进行工作之前，了解一些图形图像的概念知识非常有必要，特别对于初学者，了解并掌握这些知识是非常重要的，它有助于初学者对 Photoshop 软件的学习。

1.7.1 矢量图和位图

矢量图和位图是两种不同类型的图形，在存储时格式各不相同，在绘制和处理时也有各自不同的性质。

1. 矢量图的特性

矢量图又称为向量图形，由线和块组成。矢量图在进行放大或缩小时，图像的色彩信息保持不变，且颜色不失真。矢量图文件的大小与图像大小无关，只与图像的复杂程度有关，因此矢量图所占的存储空间较小。

矢量图适用于色彩较为单纯的色块和文字，如 CorelDRAW、Illustrator、FreeHand 和 PageMaker 等绘图软件创建的图形都是矢量图。

2. 位图的特性

位图又称为栅格图像，由很多色块（像素）组成。位图的每个像素点都含有位置和颜色信息。将位图放大到一定的倍数后，可以较明显地看到一个个方形色块，每一个色块就是一个像素，且每一个像素只能显示一种颜色。位图的清晰度与图像所包含像素点的多少有关，单位面积内像素数目越多则图像越清晰，反之

图像越模糊。对于高分辨率的彩色图像，用位图存储所需的存储空间较大。

位图比较适合制作细腻、轻柔缥缈的特殊艺术效果，Photoshop 软件生成的图像为位图图像。

1.7.2 像素和分辨率

像素和分辨率是 Photoshop 软件中最常用到的两个基本概念，它们的设置决定了文件的大小和图像的输出质量。

1. 像素

像素(pixels)是构成图像的最小单位，它的形态是一个小方点。很多个像素组合在一起就构成了一幅图像，组合成图像的每一个像素只显示一种颜色。

2. 分辨率

分辨率(resolution)是用于描述图像信息量的术语，是指单位区域内包含的像素数量，通常用“像素/英寸”和“像素/厘米”等单位来表示。

分辨率的高低直接影响图像的输出质量和清晰度，分辨率越高，图像输出后越清晰，但图像所占用的存储空间以及计算图像显示时所占用的内存需求也会越大，对于用较低分辨率扫描或创建的图像，通过计算机插值的方式虽然可以提高图像的分辨率，但只能提高每单位图像中的像素数量却不能提高图像最后的输出品质。

在 Photoshop 软件系统中新建文件时，默认的分辨率值为 72 像素/英寸，这是满足普通显示器的显示分辨率。在广告设计中，不同用途的广告对分辨率的要求也不同，如报纸广告的分辨率一般为 120 像素/英寸，而彩色印刷和效果图打印输出的分辨率一般为 300 像素/英寸，可根据不同的情况灵活运用。

1.7.3 文件格式

所谓文件格式是指文件最终保存在计算机中的形式。文件以何种形式保存关系到文件的再编辑，因此了解各种文件格式对进行图像编辑、保存以及转换有很大的帮助。Photoshop 软件支持的图像格式非常多，下面介绍几种常用的存储格式。

1. PSD 格式

PSD 格式是 Photoshop 软件所特有的图像分层文件格式，它可以将图像数据的每一个细节进行存储，包括图像所含有的每一个图层、通道和路径等信息，存储后各层之间仍然相互独立，便于以后进行修改。此格式还可以将文件保存为 RGB 或 CMYK 等颜色模式，唯一的缺点是需要的存储空间较大。

2. BMP 格式

BMP 格式是微软公司 Painter 软件的专用格式，可以被多种 Windows 和 OS/2 应用程序所支持，也是 Photoshop 软件常用的位图格式之一。这种格式的图像具有极其丰富的色彩，可以支持 RGB、索引颜色、灰度等颜色模式，但不支持 Alpha 通道以及独立图层的存在。

3. TIFF 格式

TIFF 格式是为 Macintosh 开发的常用图像格式。目前，它是 Macintosh 和 PC 计算机上使用最为广泛的位图图像格式。TIFF 支持无损失的图像压缩色彩通道，在 Photoshop 中可支持 24 个色彩通道。

4. EPS 格式

EPS 格式是一种跨平台的通用文件格式，也是专门为存储矢量图形而设计的，用于在 PostScript 输出设备上打印。可以说几乎所有的图形图像和排版软件都支持 EPS 格式文件，它可以保存路径信息，是 Illustrator 和 Photoshop 软件进行文件交换时常选用的格式。

5. JPEG 格式

JPEG 格式是 Windows 和 Macintosh 平台所有压缩格式中较卓越的格式。它是一种有损失的压缩格式，在文件压缩前，可以在弹出的对话框中设置压缩的大小，从而有效的控制压缩时损失的数据量。JPEG 格式也是目前网络可以支持的图像格式之一，支持 CMYK、RGB 和灰度等颜色模式，但不支持 Alpha 通道。

6. AI 格式

AI 格式是 Illustrator 软件所特有的矢量图存储格式。在 Photoshop 软件中可将带有路径的图像输出为 AI 格式，然后可以在 Illustrator 或 CorelDRAW 等矢量图形软件中直接打开并进行任意的修改和处理。

7. GIF 格式

GIF 格式可以存储背景透明的图像，但只能处理 256 种色彩，常用于网络图像文件的传输，其传输速度要比其他格式的文件快得多，并且可以将多张图像保存在一个文件中形成动画效果。

1.7.4 色彩模式

色彩模式是指同一属性下的不同颜色的集合，它使用户在使用各种颜色进行显示、印刷、打印时，不必重新调配颜色而直接进行转换和应用。计算机软件系统为用户提供的色彩模式主要有 RGB、CMYK、Lab、Bitmap、Grayscale 和 Index 等。每一种色彩模式都有其使用范围和优缺点，各模式之间可以根据处理图像的需要进行转换。

1. RGB

RGB 模式（光色模式）下图像是由红（R）、绿（G）、蓝（B）三种颜色构成的模式。大多数显示器采用此种色彩模式。

2. CMYK

CMYK 模式（四色印刷模式）下图像是由青（C）、洋红（M）、黄（Y）、黑（K）四种颜色构成，主要用于彩色印刷。在制作印刷用文件时，最好保存成 TIFF 格式或 EPS 格式，这些都是印刷厂支持的文件格式。

3. Lab

Lab 模式（标准色模式）是 Photoshop 的标准色彩模式，也是由 RGB 模式转换为 CMYK 模式之间的中间模式。它的特点是在使用不同的显示器或打印设备时，所显示的颜色都是相同的。

4. Grayscale

Grayscale 模式（灰度模式）下图像由具有 256 级灰度的黑白颜色构成。一幅灰度图像在转变成 CMYK 模式后可以增加色彩。如果将 CMYK 模式的彩色图像转变为灰度模式，则颜色不能再恢复。

5. Bitmap

Bitmap 模式（位图模式）下的图像由黑白两色组成。

6. Index

Index 模式（索引模式）又称为图像映射色彩模式图像，不能使用编辑工具，只有灰度模式才能转换成 Bitmap 这种模式。其图像像素只有 8 位，即图像只有 256 种颜色。

本章小结

本章主要介绍了常用的建筑表现软件、计算机建筑表现的流程、建筑表现图的种类、图形图像概念知识等内容，一方面通过对各种表现风格的讲解，提高学生的学习兴趣，另一方面通过对基础知识的介绍使大家对建筑表现有一个初步、整体的了解，从而为后面的学习打下基础。

课堂练习

一、填空题

1. 矢量图又称为________，由________和________组成。矢量图在进行放大或缩小后，图像的色彩信息仍保持不变，且颜色不失真。

2. 位图又称为________，是由很多________组成。位图的每个像素点都含有位置和________。将位图放大到一定的倍数后，可以较明显地看到一个个方形色块，每一个色块就是一个________且每一个像素只能显示一种颜色。

3. 分辨率的高低直接影响图像的________和________，分辨率越高，图像越________，但图像的大小也会越大。

4. RGB 颜色是一种________模式，该模式下的图像是由________、________、________三种颜色构成，大多数显示器均采用此种颜色模式。

5. CMYK 颜色是一种________模式，该模式下的图像是由________、________、洋红、________四种颜色构成，主要用于彩色印刷。

二、简答题

1. 简述矢量图与位图的性质。

2. 简述 Photoshop 中各种文件格式的性质。

Photoshop软件常用的工具和命令

Photoshop RUANJIAN CHANGYONG DE GONGJU HE MINGLING

Photoshop 软件启动后的工作界面如图 2-1 所示。

图 2-1 Photoshop 工作界面

2.1 Photoshop 工作界面简介

Photoshop 的工作界面主要分为标题栏、菜单栏、属性栏、工具箱、状态栏、调板和工作界面七个部分，下面分别介绍其功能。

2.1.1 标题栏

与其他 Windows 软件相同，Photoshop 的标题栏位于工作界面的顶部，颜色是蓝色，主要用于显示软件图标和软件名称。当前编辑的文件处于最大化显示时，标题栏的左侧位置还将显示当前图像的名称、图层及颜色模式等信息。标题栏右侧的三个按钮主要用于控制界面的大小，其功能分别介绍如下。

- (最小化)按钮：单击此按钮，可以使 Photoshop 窗口处于最小化状态，此时只在 Windows 的任务栏中显示由该软件图标、软件名称组成的按钮，单击该按钮，又可以使 Photoshop 窗口还原为刚才的显示状态。
- (最大化)按钮：单击此按钮，可以使 Photoshop 窗口最大化显示，此时原按钮变为(还原)按钮；

单击（还原）按钮，可以使最大化显示的窗口还原为原状态，（还原）按钮再次变为（最大化）按钮。

专业指导：在标题栏中双击鼠标可以使 Photoshop 窗口在最大化与还原状态之间切换。当 Photoshop 窗口处于还原状态时，在标题栏中按鼠标左键拖曳，可在屏幕中任意移动窗口的位置。

- （关闭）按钮：单击此按钮，可以关闭 Photoshop 软件，退出应用程序。

2.1.2 菜单栏

菜单栏位于标题栏的下方，包含 Photoshop 软件的全部图像处理命令，由【文件(F)】、【编辑(E)】、【图像(I)】、【图层(L)】、【选择(S)】、【滤镜(T)】、【分析(A)】、【视图(V)】、【窗口(W)】和【帮助(H)】等十个菜单组成，每个菜单下又有若干个子菜单，选择任意子菜单即可执行相应的命令。

为了方便用户使用 Photoshop 软件，在菜单栏命令中添加了一些特殊标记，这些标记的含义如下。

- 快捷键　菜单栏中的命令除了可以用鼠标单击来执行外，还可使用快捷键的方式来执行。在菜单栏中有些命令后面有英文字母组合，如【文件】/【新建】命令的后面有“Ctrl＋N”，表示可以直接按键盘中的“Ctrl＋N”键来执行【新建】命令。
- 对话框　菜单栏中有些命令的后面有省略号，表示执行此命令后会弹出相应的对话框，如执行【新建】命令，系统会弹出【新建】对话框。
- 子菜单　菜单栏中有些命令的后面有向右的黑色三角形符号，表示此命令后面还有下一级子菜单，如选择【编辑】/【预置】命令，系统会弹出【预置】命令的子菜单。
- 执行命令　菜单栏中有些命令的前面有“√”标记，表示此命令为当前执行的命令。如果新建一个 RGB 颜色模式的图像，那么【图像】/【模式】/【RGB 颜色】命令的前面即显示√标记。

专业指导：菜单栏中的命令除了显示为黑色以外，还有一部分命令显示为灰色，表示这些命令暂时不能使用，只有满足一定的条件后才可以执行此命令。

2.1.3 属性栏

属性栏位于菜单栏的下方，主要控制工具箱中所有工具的参数以及选项设置，选取不同的工具按钮，属性栏中显示的内容也各不相同。

2.1.4 工具箱

工具箱默认的位置位于 Photoshop 界面的左侧，其中包含了绘制和编辑图形图像的所有工具按钮，熟练掌握这些工具按钮的使用方法是利用 Photoshop 软件进行图像处理工作的第一步，在工具箱中可以进行如下操作。

- 在工具箱顶部蓝色的标题栏上单击，然后拖曳，可以将工具箱移动至工作界面中的相应位置。
- 在工具按钮上直接单击，可以将该按钮选中。
- 工具箱中有些按钮右下角带有一个黑色的小三角形，表示该按钮是一个按钮组，其中还隐藏着其他的同类工具。如果要显示这些隐藏的工具，只需要将光标移动到此按钮上，按住鼠标左键，隐藏的工具就会自动显示出来，另外再次单击此按钮也可将显示的隐藏工具隐藏起来。

- 在工具按钮上按住鼠标左键不放，然后将光标移动至工具组中要选择的按钮上释放鼠标，可将该工具选中。
- 将光标移动到任何工具按钮上停放一会，系统将显示该按钮的名称及快捷键。
- 在键盘中按快捷键，可以快速选择相应的工具。
- 按住 Alt 键的同时，单击具有隐藏工具组的按钮，可以循环选择工具组中隐藏的工具。

Photoshop 工具箱及隐藏的工具按钮如图 2-2 所示。

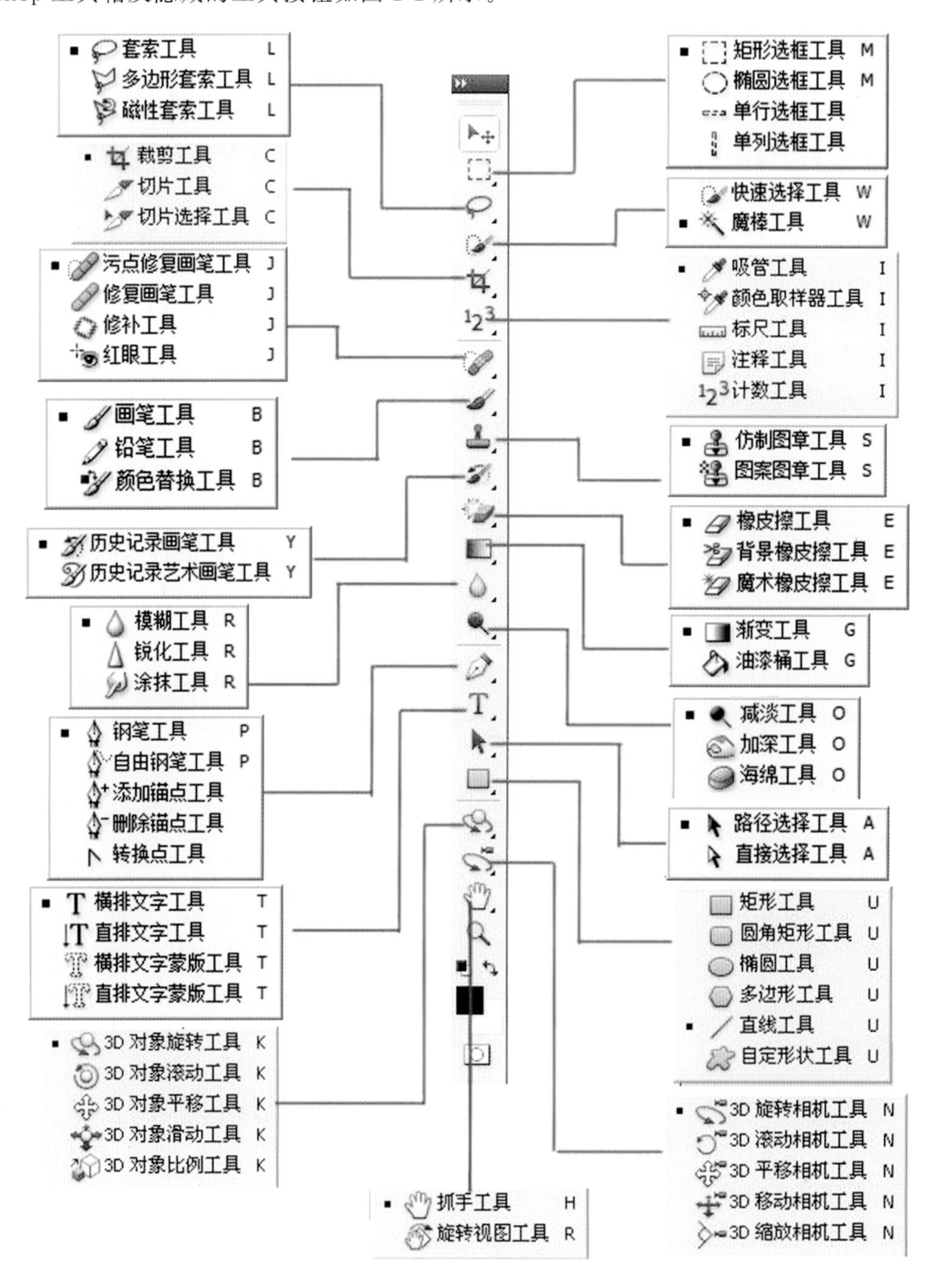

图 2-2　Photoshop 工具箱及隐藏的工具按钮

2.1.5 状态栏

状态栏位于 Photoshop 界面的最下方，用于显示当前图像的状态及操作命令的相关提示信息。

2.1.6 调板

调板的默认位置位于 Photoshop 界面的右侧，主要用于对当前图像的色彩、显示以及相关的操作进行设置和控制，在调板中可以进行如下的操作。

- 在调板上方的蓝色区域按鼠标左键拖曳，可以将其移动到工作界面中的任意位置。
- 为了节约空间，Photoshop 系统将几个作用比较紧密的调板组合在一起，形成调板组。在调板组中任意一个标签卡上单击，可将该调板显示为当前调板，如图 2-3 所示。

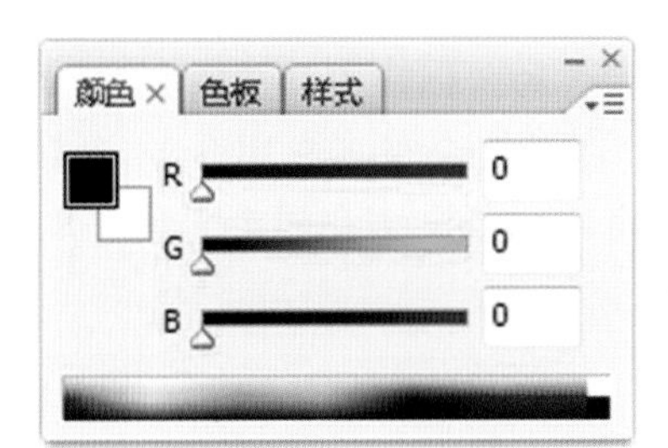

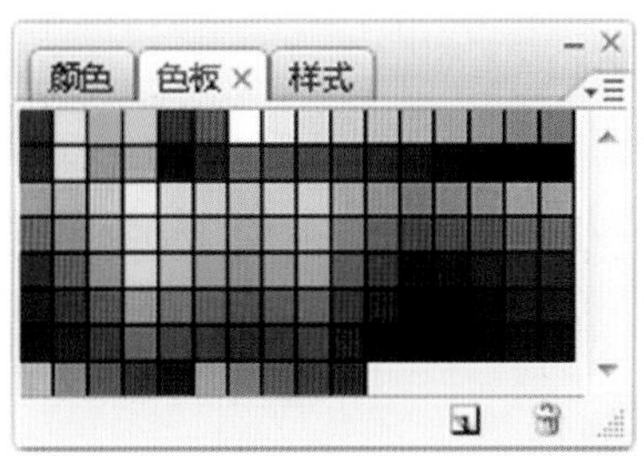

图 2-3　Photoshop 调板组

- 在调板组中任意一个标签卡上按住鼠标左键并向工作界面中拖曳，可以将该调板拖曳到工作界面中作为单独的调板存在，如图 2-4 所示。

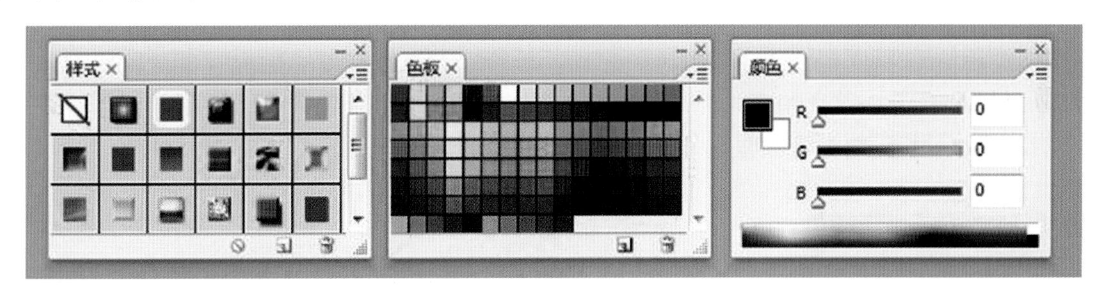

图 2-4　拆分调板组

- 在调板的标签卡上按住鼠标左键并将其拖曳到一个新的调板组中，可以将该调板合并到新的调板组中，如图 2-5 所示。

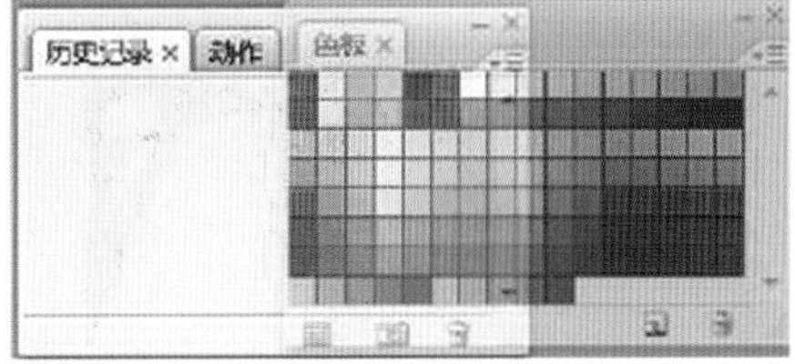

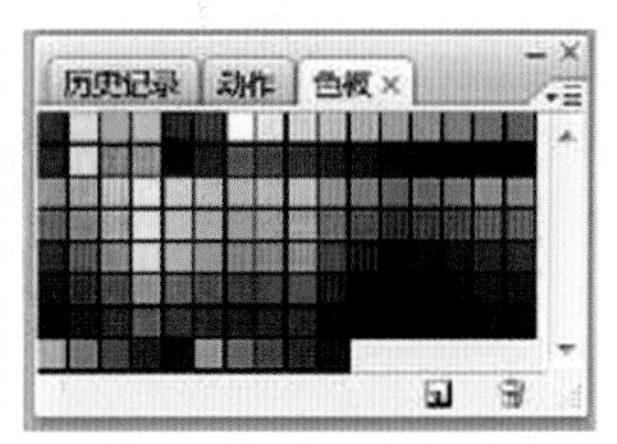

图 2-5　合并调板组

● 选择【窗口】菜单中的命令，可以将属性栏、工具栏、状态栏或相应的调板在工作界面中显示或隐藏。如果反复按 Tab 键，可以将属性栏、工具栏、状态栏及所有调板在工作界面中显示或隐藏。另外，使用 Shift＋Tab 组合键，可以单独将调板显示或隐藏。

专业指导：除了可以将调板随意的折分与组合外，还可以单击调板右上角的按钮，在弹出的下拉列表中选择【停放到调板窗】命令，将该调板放置到属性栏中的调板窗中，这样既可以快速使用各种调板，又可以拥有最大的工作空间。

2.1.7 工作界面

在 Photoshop 窗口中间呈现灰色的区域为工作界面。当编辑文档时，工作界面中将增加图像窗口，图像窗口是创作作品的主要区域，图形的绘制及图像的编辑都在此区域中进行。

在使用 Photoshop 进行建筑表现的过程中，会使用到各种各样的工具。例如，选择工具、画笔工具、填充工具、文字工具、图像修复工具等，有接近 80 余种工具。还要结合很多常用命令，如【调整】命令组中的【色阶】、【曲线】、【色彩平衡】、【色彩/饱和度】等命令。本章将向读者介绍在建筑表现中常用到的工具和命令的使用方法及使用技术。

2.2 图像选择工具

在制作建筑效果图时，需要添加各式各样的配景。尽管现在市面上专业的配景素材图库很多，但仍然远远不能满足我们的需要。这就要求我们具备就地取材的本领，找到某张含有所需配景的图片后，能够将其从原始图片中“挖”出，去掉不需要的部分，而留下有用的部分，以便与建筑图像进行合成，其操作流程如图 2-6 所示。

(a) 树木图片

(b) 抠取树木

(c) 打开建筑场景

图 2-6 配景合成流程

（d）添加树木图像

（e）调整大小和位置

（f）去掉多余的树枝

续图 2-6

从图片中“挖”配景的过程，实际也就是建立选区的过程，这就会使用到Photoshop软件中的各式各样的选择工具，读者应灵活选用最简便、快捷的方法进行对象的选取。

2.2.1 选择工具的分类

Photoshop软件建立选区的方法非常丰富和灵活，读者可根据选区的形状和特点来选择相应的工具。根据各种选择工具的选择原理，大致可分为以下几类：①圈地式选择工具；②颜色选择工具；③路径选择工具。

如图2-7所示的建筑结构简单、轮廓清晰，其边界是由多条直线组成的多边形，因此适合使用圈地式选择工具进行选取。而图2-8所示的树木图像边缘复杂且不规则，但天空背景颜色单一，因此适合使用颜色选择工具进行选择。如图2-9所示的汽车图像背景颜色复杂，但其边缘是由圆滑的曲线组成，比较适合使用路径工具进行选取。

图 2-7　轮廓简单的建筑

图 2-8　可用颜色工具进行选取

图 2-9　适合路径工具进行选取

2.2.2 圈地式选择工具

所谓圈地式选择工具是指直接勾勒出选择范围的工具，这也是Photoshop软件创建选取的最基本的方法，这类选择工具包括选框工具和套索工具等，如图 2-10 和图 2-11 所示。

1. 选框工具

选框工具只能创建形状规则的选区，如图 2-12 所示，适用于选择矩形、圆形等对象或区域，如图 2-12 所示。然而实际应用中效果图配景形状规则的较少，所以选框工具的应用并不是很广泛。

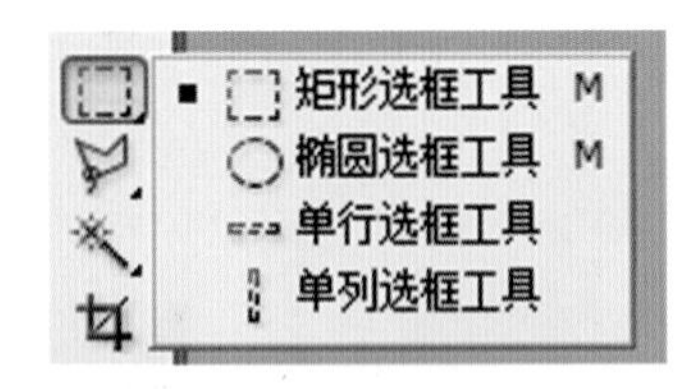

图 2-10　选框工具图

图 2-11　套索工具图

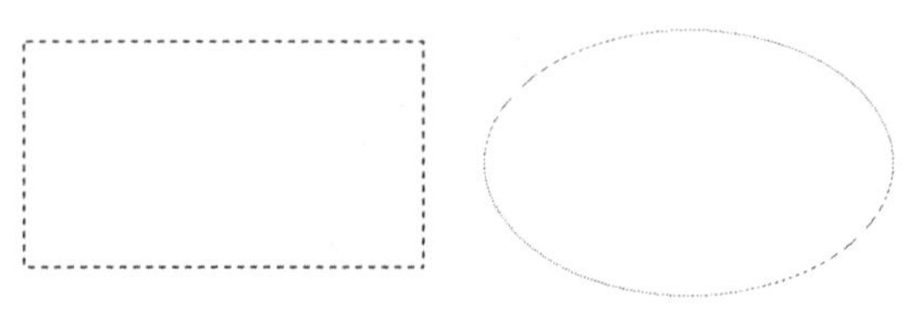

图 2-12　使用选框工具建立的选区

选框工具的使用方法较为简单，首先在工具箱中单击选择所需的工具，然后移动光标至图像窗口的相应位置单击并拖曳光标即可。选区建立之后，选区的边界就会出现不断闪烁的虚线，以便用户区分选中的区域与未选中区域，该虚线由于形似行进中的蚂蚁，所以又被称为“蚂蚁线”。

2. 套索工具

套索工具有三种：套索工具、多边形套索工具和磁性套索工具。

- 套索工具通过拖曳光标来创建选取，当光标回到起点位置时松开鼠标，则光标移动轨迹所围的区域即为选区，如图 2-13 所示。由图 2-13 中可以看出，套索工具建立的选区非常不规则，同时也不易控制，随意性非常大，因而只能用于对选区边缘没有严格要求的配景的选择。
- 多边形套索工具使用多边形框选的方式来选择对象，由于它所拖出的轮廓都是直线，因而常用来选择边界较为复杂的多边形对象或区域，如图 2-14 所示。多边形套索工具与套索工具的使用方法不同，它通过单击指定顶点的方式来建立多边形选区，因而常用来选取不规则形状的多边形，如三角形、四边形、梯形和五角星等。在实际工作中，多边形套索工具应用较广。

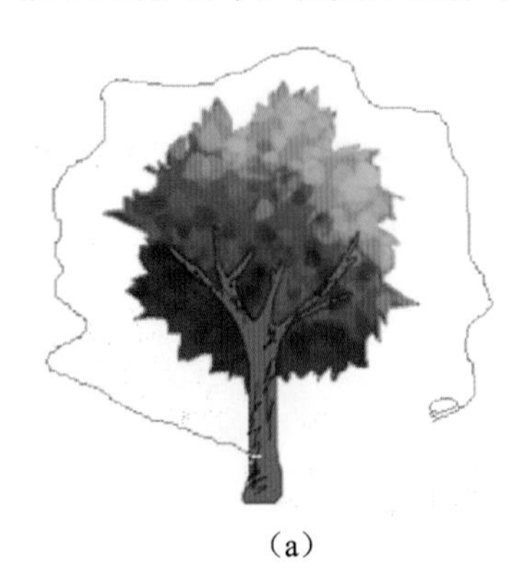

(a)

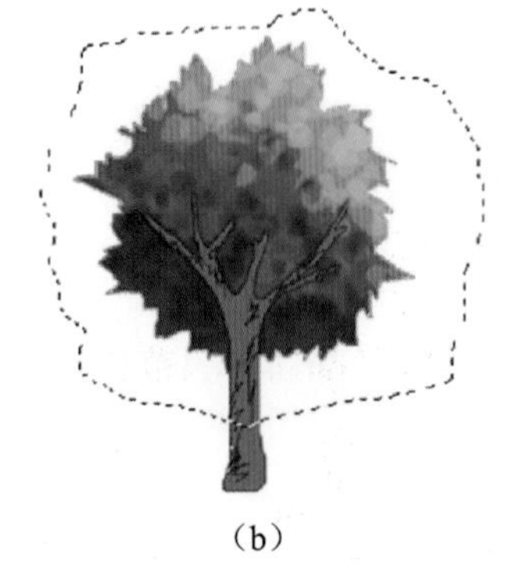

(b)

图 2-13　套索工具示例

(a)

(b)

图 2-14　多边形套索工具示例

技巧：在选择过程中按 Shift 键，可按水平、垂直或 45°角方向绘制直线；若按 Alt 键，则可切换为套索工具；若按 Delete 键或 Backspace 键，则可取消最近定义的端点；按 Esc 键，可以取消选择。在已确定的选区中，按 Shift 键继续框选可以添加选区，按 Alt 键继续框选可以减少选区。

● 磁性套索工具特别适用于快速选择边缘与背景对比强烈的图像，使用时可以在图像中大致沿边界拖曳光标，能够根据设定的“对比度”值和“频率”值来精确定位选择区域。当遇到其不能识别的轮廓时，只需单击进行选择即可。

技巧：按 L 键可选择套索工具，按 Shift+L 快捷键，可以在三种套索工具之间快速切换。

2.2.3 颜色选择工具

颜色选择工具根据颜色的反差来选择具体的对象。当选择对象的颜色或选择对象的背景颜色比较单一时，使用颜色选择工具会比较方便。

Photoshop 软件中提供有两种颜色选择工具：魔棒工具和快速选择工具。

1. 魔棒工具

魔棒工具是依据图像的颜色来进行选择的工具，它能够选取图像中颜色相同或相近的区域，选取时只需在颜色相近的区域单击即可。

例如，在 3ds MAX 中渲染输出效果图时，往往要渲染一幅与效果图大小完全相同的纯色图像，我们称其为材质通道图，如图 2-15 所示。在材质通道图中，每个材质区域都是单一的颜色色块，因此使用魔棒工具可以很方便地选择各个材质区域，以便进行相应的调整。

(a)

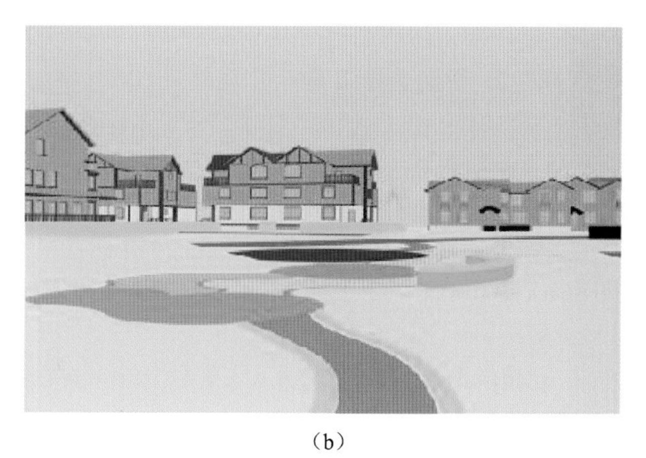
(b)

图 2-15　渲染图像和通道图像

使用魔棒工具时，通过工具选项栏可以设置选区的容差、范围和图层等参数，如图 2-16 所示。各参数功能分别介绍如下。

容差: 32　消除锯齿　连续　对所有图层取样　调整边缘...　工作区▼

图 2-16　魔棒工具选项栏

● 容差：在此文本框中可输入 0～255 之间的数值来确定选区的颜色范围，其值越小，选区的颜色范围与鼠标单击位置的颜色越相近，同时选区的范围也越小；其值越大，选区的范围就越广。

● 消除锯齿：选中该选项可消除选区的锯齿边缘。

● 连续：选中该选项，在进行选区时仅选择位置邻近且颜色相近的区域；否则，会将整幅图像中所有颜色相近的区域选择，而不论这些区域是否相连，如图 2-17 所示。

（a）选中【连续】选项

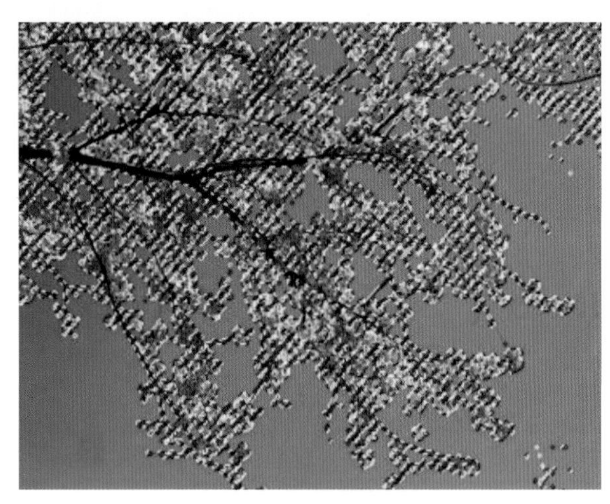

（b）未选中【连续】选项

图 2-17 【连续】选项对最终效果的影响

● 对所有图层取样：该选项对多图层图像有效。系统默认只对当前图层有效，若选中该选项，则将在所有可见图层中应用颜色选择。

技巧：若选中【连续】选项，可以按住 Shift 键的同时单击选择不连续的多个颜色相近的区域。

2. 快速选择工具

快速选择工具是 Photoshop CS 6 中新增的工具。在使用快速选择工具拖曳光标时，它能够快速选择多个颜色相似的区域，相当于按住 Shift 或 Alt 键的同时不断使用魔棒工具单击。快速选择工具的引入，使复杂选区的创建变得简单和轻松。

选择工具箱中的快速选择工具，使用 Ctrl+[和]键可以调整合适的画笔大小；在选择的过程中，可以按 Space 键切换至抓手工具，用于移动图像显示区域。

提示：快速选择工具默认选择画笔周围与画笔光标范围内颜色类似且连续的图像区域，因此画笔的大小决定着选取的范围。

2.2.4 路径选择工具

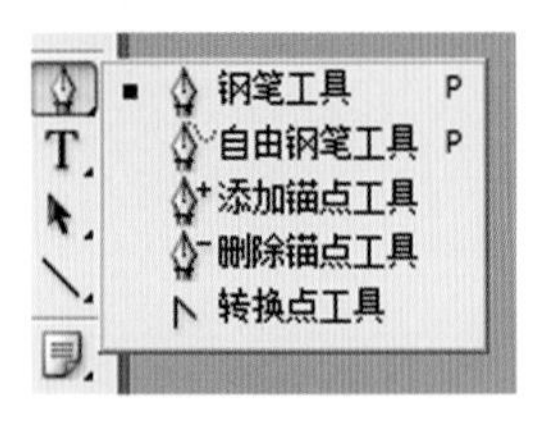

图 2-18 路径创建、编辑和选择工具

路径选择工具可以用来选中整条或多条路径进行变换，使用路径来建立选区是比较常用的方法之一。由于路径可以非常光滑，而且可以反复调节各节点的位置和曲线的曲率，故非常适合于建立轮廓复杂和边界要求较为光滑的选区，如人物、家具、汽车、室内物品等。

Photoshop 软件有一整套的路径创建和编辑工具，如图2-18所示。其中，钢笔工具和自由钢笔工具用于创建路径；添加锚点工具和删除锚点工具用于添加和删除锚点；转换点工具用于切换路径节点的类型；路径选择工具和直接选择工具分别用于路径的选择和单个节点的选择。

1. 钢笔工具

钢笔工具是一种常用的绘制路径的工具，它通过单击来产生节点，沿需要抠取的图像的边缘形成一条闭合的路径。将该路径转化为选区，即可完成对图像的选择和抠取，如图 2-19 所示。

> **提示**：在绘制路径的过程中，单击产生节点，节点之间以直线连接，单击并移动鼠标，将会产生有方向柄的节点，该节点可自由调整节点之间的曲度；按 Alt 键，并单击鼠标，将产生拐点，如图 2-20 所示。

（a）

（b）

图 2-19　钢笔工具应用示例

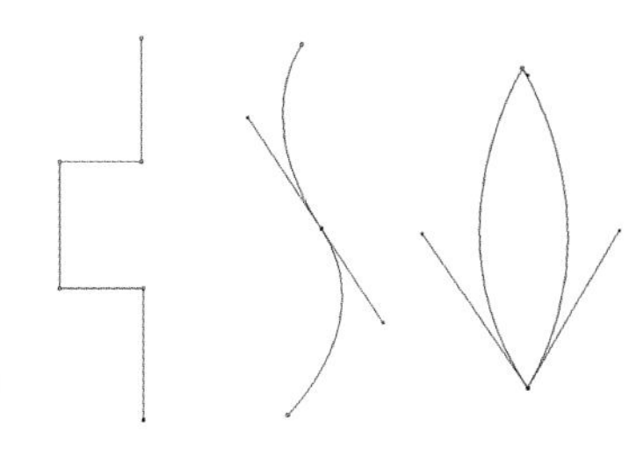

图 2-20　三种节点的连接方式

2. 自由钢笔工具

自由钢笔工具在后期处理中使用较少，其原因是它建立路径时，随意性很强，使用套索工具就可以代替它的功能，所以这里并不推荐使用该工具。

> **提示**：按 Ctrl+Enter 键可快速将当前路径转换为选区。

2.3 图像编辑工具

2.3.1 橡皮擦工具

在为效果图添加配景时，加入的配景如果边界太清楚，配景和效果图将会衔接得比较生硬，这时可以用橡皮擦工具对配景的边缘进行修饰，使配景的边缘与效果图其他配景结合自然。

如图 2-21 所示的配景树与天空边界过于明显，衔接生硬，我们可以用橡皮擦工具擦除一部分树的边界，使它和天空融合自然，具体步骤如下。

图 2-21　衔接生硬的图像

步骤 1　选择配景树所在图层为当前图层，按 E 键选择橡皮擦工具，调整画笔的大小，在【不透明度】文本框中输入 10%设置画笔的不透明度为 10%，如图 2-22 所示。

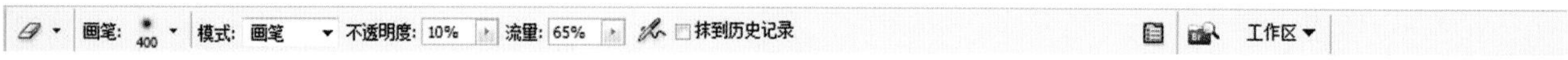

画笔：400 模式：画笔 不透明度：10% 流量：65% 抹到历史记录 工作区▼

图 2-22　设置橡皮擦画笔

步骤 2　按住鼠标左键，在配景树边界位置拖曳光标，反复擦除部分配景边界，越靠近天空的边界位置擦除得越多，直到边界和天空融合得比较自然为止。

2.3.2 加深工具和减淡工具

使用加深工具和减淡工具可以轻松调整图像局部的明暗。

很明显图 2-23 所示的道路路面没有颜色深浅的变化，看上去一点也不真实，与旁边的路面相比，形成了很大的反差。而图 2-24 经过加深、减淡工具的处理后，路面就生动了很多，不仅有颜色深浅的变化，透视感也增强了。下面介绍使用加深工具和减淡工具进行调节的方法。

图 2-23　道路处理前的效果

图 2-24　道路处理后的效果

步骤 1　选择减淡工具，在【范围】下拉列表框中选择【高光】，设置【曝光度】为【20%】，如图 2-25 所示。

画笔：65 范围：中间调 曝光度：50% 工作区▼

图 2-25　减淡工具参数设置

步骤 2　按 Shift 键并单击起始端和结束端，减淡斑马线附近道路的颜色。

步骤 3　选择加深工具，设置参数如图 2-26 所示。

画笔: 65 范围: 中间调 曝光度: 50% 工作区▾

图 2-26　加深工具参数设置

步骤 4　按住 Shift 键，在道路中间车轮频繁经过的区域，单击起始端和结束端，加深车轮压过马路后产生的暗色调。

步骤 5　加深、减淡工具使用后的效果如图 2-24 所示，道路的明暗对比得到明显加强，效果图更富层次感。

2.3.3 图章工具

图章工具是常用的修饰工具之一，主要用于复制图像，以修补局部图像的不足。图章工具包括仿制图章工具和图案图章工具两种，在建筑表现中使用较多的是仿制图章工具。

如图 2-27 所示为生活中拍摄的照片，人物的存在妨碍了其作为草地配景的素材，此时可以使用仿制图章工具将人物从草地上去除。

按 Alt 键在周围草地单击取样，然后移动光标至人物图像上拖曳鼠标，取样图像被复制到当前位置，如图 2-28 所示，人物被去除。在拖曳鼠标的过程中，取样点(以“＋”形状进行标记)也会发生移动，但取样点和复制图像位置的相对距离始终保持不变。

图 2-27　照片素材

图 2-28　用图章工具修复图像

2.3.4 修复工具

修复工具包括修复画笔工具、修补工具、污点修复画笔工具和内容感知移动工具，其与仿制图章工具的区别在于修复工具除了复制图像外，还会自动调整原图像的颜色和明度，同时虚化边界，使复制图像和原图像无缝融合，且不留痕迹。

修复画笔工具与仿制图章工具的用法基本相同，因此这里重点介绍修补工具的用法。如图 2-29 所示的图片中地面部分有缺陷，需要修补地面部分的图像。

选择修补工具后，沿地面有缺陷的区域边缘拖曳鼠标，松开鼠标后得到一个选区，如图 2-29 所示。按住鼠标左键，拖动选区至一个没有地面缺陷的部分，即目标区域，如图 2-30 所示。

图 2-29　选择地面有缺陷的部分

图 2-30　拖动选区至目标区域

松开鼠标左键后，系统自动使用目标区域修复源选区，并使目标区域图像与源选区周围的图像自然融合，得到如图 2-30 所示的修补好地面缺陷的结果。

技巧：改变源选区和目标区域，也可以为地面修补缺陷。

2.3.5 文字工具

文字工具 T 的使用，对于提升效果图的意境，丰富效果图内容的作用是不可忽视的，文字的设计、编排也是一门艺术。

1. 文字的类型

在 Photoshop 软件中，文字工具仍然分为横排文字 T、竖排文字 IT 和路径文字三类，分别介绍如下。

- 横排文字 T：在打开的图像窗口，选择文字图标 T，在图像窗口单击，光标闪烁的位置就是文字输入的起始端，在这里即可以创建横排文字“湖光山色”，如图 2-31 所示。
- 竖排文字 IT：在打开的图像窗口选择文字图标 IT，在图像窗口单击，即可创建竖排文字“湖光山色”，如图 2-32 所示。

● 路径文字：路径文字的创建，首先要使用钢笔工具勾画出一条路径，然后选择文字工具，将光标置于路径位置并单击，就会发现光标已经在路径上闪烁了。输入“湖光山色”，则文字将沿路径编排，如图 2-33 所示。

图 2-31　横排文字输入效果

图 2-32　竖排文字输入效果

图 2-33　路径文字输入效果

提示：当选择直接选择工具时，将光标置于输入的文字之间，光标会变成十字形，这时只要拖动鼠标可以发现，文字可以沿着路径移动，并可以沿路径翻转。

2. 文字属性的设置

文字属性包括了文字字体、大小和颜色的设置，在文字属性设置选项栏中，可以分别进行设置，如图 2-34 所示。

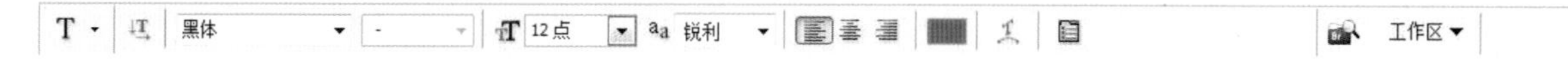

图 2-34　文字属性设置选项栏

2.3.6 裁切工具

裁切工具在建筑后期处理中经常会结合构图一起使用，它的作用是裁减掉画面多余部分，以达到更美观的画面效果。裁切工具设置选项栏可以对裁切尺寸的宽度、高度分别进行定义，如图 2-35 所示。

图 2-35　裁切工具设置选项栏

一般而言，不要对效果图直接进行裁剪，而是先用填充为黑色的矩形将画面多余的部分遮住，调整至最合适的位置，然后执行裁切命令，将黑色矩形的外形裁减掉。

2.3.7 抓手工具

使用抓手工具对图像本身不产生影响，在实际操作过程中，它是用于移动图像的必不可少的工具。可以单击图标，选择抓手工具，也可以按住空格键，拖曳鼠标来移动图像的位置，其操作非常的方便。

2.4 图像选择和编辑命令

对图像进行选择和编辑除了前面提到的一些常用工具外，还常常用到一些菜单命令。图像编辑工具和菜单命令相结合，使得 Photoshop 的编辑功能更为完善，同时也为后期处理工作带来了更多便利。

2.4.1 色彩范围命令

【色彩范围】命令是用于选择颜色的命令，选择【选择】/【色彩范围】命令，即可打开【色彩范围】对话框。下面通过一个选取树枝图像的实例，来介绍【色彩范围】对话框的用法。其具体步骤如下。

步骤 1 运行 Photoshop 软件，使用 Ctrl+O 快捷键，打开一幅树枝图像文件，如图 2-36 所示。

步骤 2 双击【背景】图层，将背景图层转换为名为【图层 0】的普通图层，这样在清除天空背景后，即可得到透明区域。

步骤 3 选择【选择】/【色彩范围】命令，弹出【色彩范围】对话框。单击吸管工具，然后移动光标至图像窗口中蓝色天空背景位置处单击鼠标，以拾取天空颜色作为选择颜色。对话框中的预览窗口会立即以黑白图像显示当前选择的范围，其中白色区域表示选择区域，黑色区域表示非选择区域。

步骤 4 拖动颜色容差滑块，调节选择的范围，直至对话框中的天空背景全部显示为白色，如图 2-37所示。

步骤 5 单击【确定】按钮关闭【色彩范围】对话框，图像窗口会以“蚂蚁线”的形式标记出选择的区域，如图 2-38 所示。

图 2-36 打开树枝图像文件

图 2-37 【色彩范围】对话框

图 2-38 得到天空背景选区

步骤 6 按 Delete 键，清除选中的天空图像，从而得到透明背景，如图 2-39 所示，或者使用 Ctrl+Shift+I 快捷键，反选当前选取，从而选中树枝。

步骤 7 使用 Ctrl+O 快捷键，打开建筑图像，如图 2-40 所示。

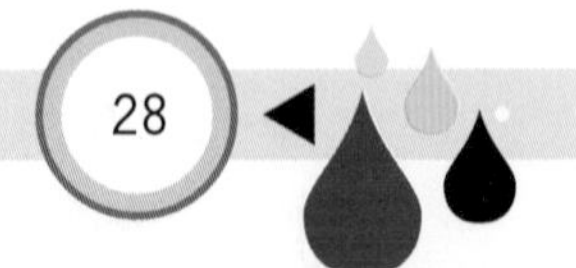

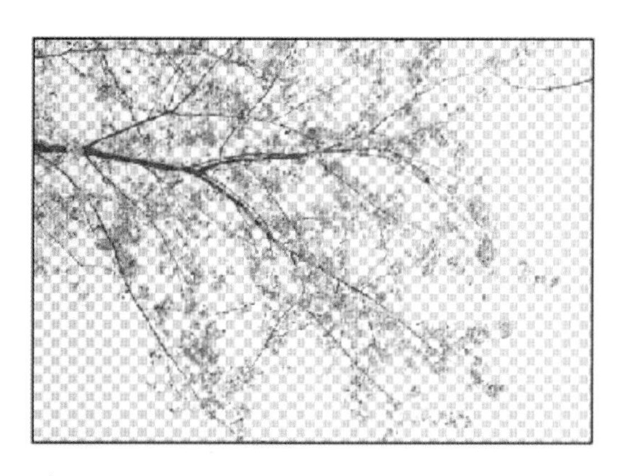

图 2-39 清除天空背景结果

图 2-40 打开建筑图像

步骤 8 拖曳已去除背景的树枝图像至建筑图像窗口，使用 Ctrl+T 快捷键，调整树枝图像的大小及位置，如图 2-41 所示。

图 2-41 合成后的效果

步骤 9 调入的背景素材，除了调整大小和位置之外，还需要对颜色和色调进行调整，以匹配建筑图像的颜色。选择【图像】/【调整】/【亮度/对比度】命令，弹出【亮度/对比度】对话框，在对话框中设置相关参数，将树枝图像颜色调暗，从而完成最终合成。

2.4.2 调整边缘命令

下面通过一个实例，来介绍调整边缘命令的具体用法。

步骤 1 运行 Photoshop 软件，使用 Ctrl+O 快捷键，打开的图像文件，如图 2-42 所示。

步骤 2 在工具箱中选择魔棒工具，设置容差参数为 30，单击天空的蓝色区域，建立选区，如图 2-43 所示。

步骤 3 使用 Ctrl+Shift+I 组合键，反选当前选取，选择背景以外的内容。

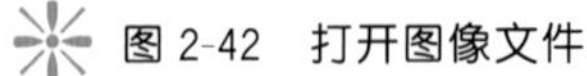
图 2-42　打开图像文件

图 2-43　建立选区

步骤 4　选择【选择(S)】/【调整边缘(F)…】命令，如图 2-44 所示，其参数设置面板如图 2-45 所示。

步骤 5　在【视图】下拉列表窗口中，有几种视图可供选择，如图 2-46 所示。一般观察视图选择【背景图层(L)】视图，若要观察虚线选框则选择【闪烁虚线(M)】视图。

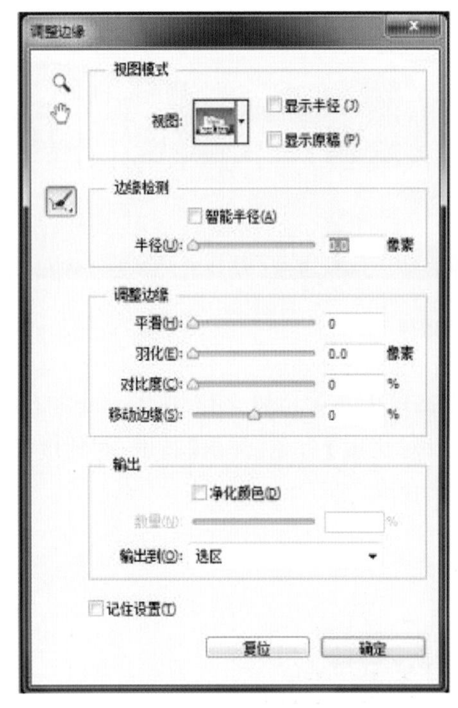

图 2-44　选择调整边缘命令

图 2-45　【调整边缘】参数设置面板

图 2-46　视图列表

步骤 6　选中【背景图层(L)】视图后，选中【显示半径(J)】复选框，然后调整【智能半径】，如图 2-47 所示，我们可以发现，选区的边缘就显示出来了。

步骤 7　单击面板左侧的画笔按钮，沿智能半径显示的区域擦除，擦除效果如图 2-48 所示。

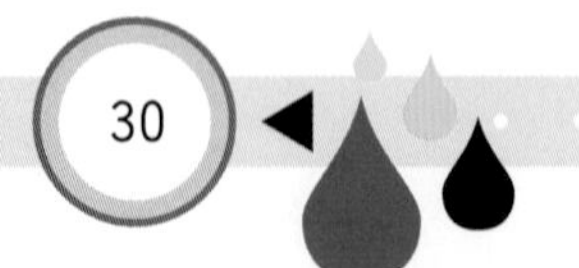

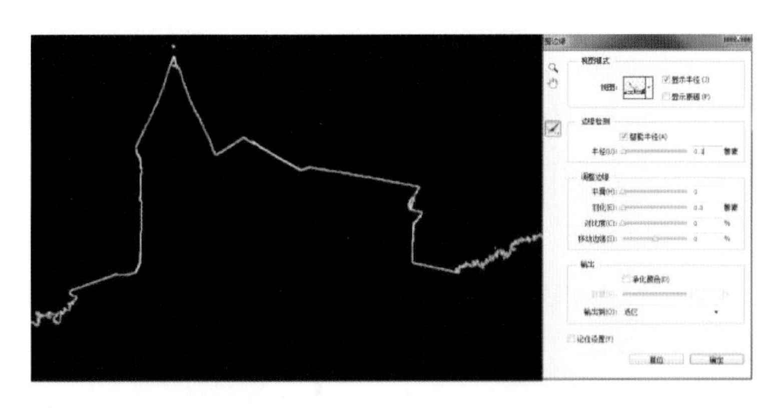

图 2-47　显示智能半径

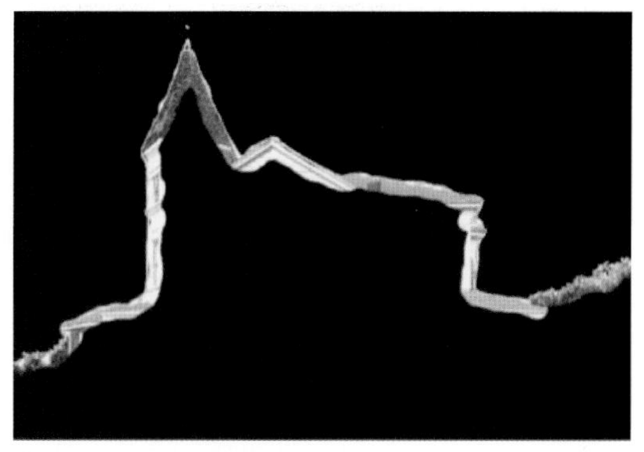

图 2-48　擦除效果

步骤 8　单击【确定】按钮，完成【调整边缘】设置，选区最终调整如图 2-49 所示。

技巧：显示智能半径可以帮助我们很快找到选区的边缘，将没有删除的背景色找到，半径大小决定了色彩范围选取的大小。

步骤 9　使用 Ctrl+J 快捷键，复制选区内的图像至新的图层，将【背景图层】隐藏，最后抠取效果如图 2-50 所示。

图 2-49　【调整边缘】效果

图 2-50　抠取效果

2.4.3 图像变换命令

在调整配景大小和制作配景阴影和倒影的过程中，会反复使用到 Photoshop 的图像变换功能。图像变换是 Photoshop 软件的基本功能之一，下面详细介绍图像变换的具体操作。

图像变换有两种方式：一种方式是直接在【编辑】/【变换】子菜单中选择各个命令，如图 2-51 所示；另一种方式是通过鼠标和键盘操作的不同的配合，进行各种自由变换。

1. 使用【变换】菜单

【编辑】/【变换】相关菜单各命令的功能介绍如下。

●【缩放(S)】:选择此命令后,移动光标至变换框上方,光标将显示为双箭头形状,拖曳鼠标即可调整图像的大小和尺寸,若按 Shift 键的同时拖动,则可以进行固定比例缩放,如图 2-52 所示。

●【旋转(R)】:选择此命令后,移动鼠标至变换框外,当光标显示为旋转形状后,拖动光标即可旋转图像。若按 Shift 键的同时拖动光标,则每次旋转 15°,如图 2-53 所示。

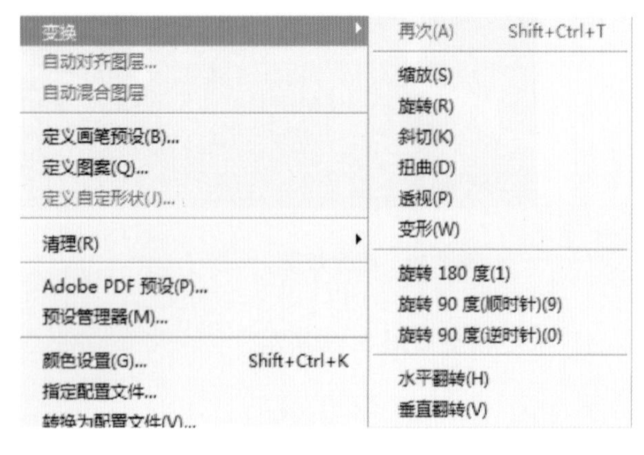

图 2-51 【变换】子菜单

图 2-52 缩放图像

图 2-53 旋转图像

●【斜切(K)】:选择此命令,可以将图像进行倾斜变换,在该变换状态下,变换控制框的角点只能在变换控制框边线所定义的方向上移动,从而得到倾斜的效果,如图 2-54 所示。

●【扭曲(D)】:选择此命令,可以任意拖动变换框的 4 个角点进行图像变换,如图 2-55 所示,但四边形任一角的内角不得大于 180°。

●【透视(P)】:使用此命令,拖动变换框的任一角点时,在拖动方向上的另一角点会发生相反的移动,得到对称梯形,从而得到物体透视变形的效果,如图 2-56 所示。

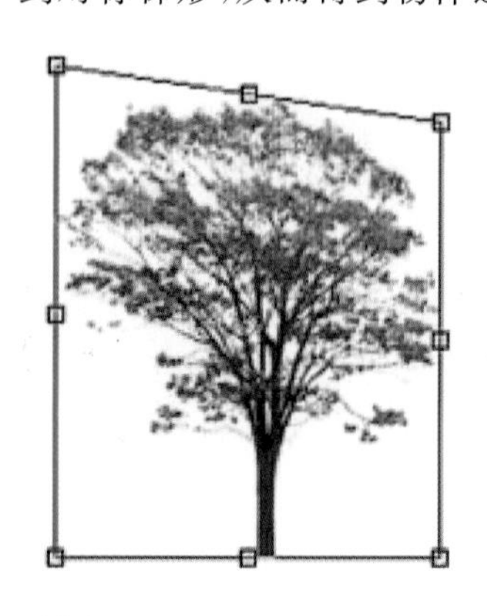

图 2-54 斜切图像

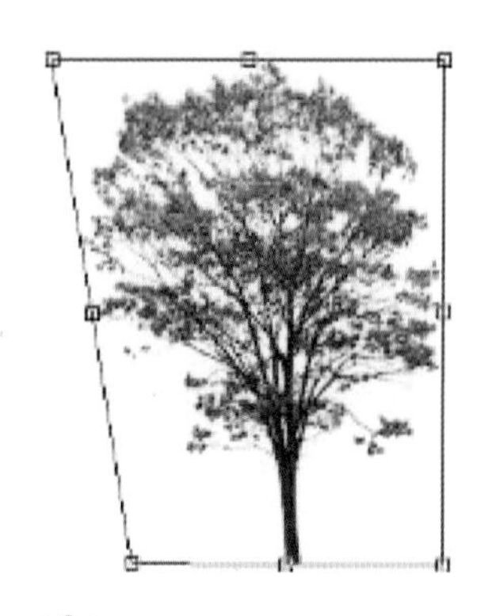

图 2-55 扭曲变换图像

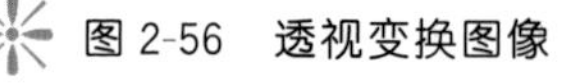

图 2-56 透视变换图像

2. 自由变换

【自由变换(F)】命令可以自由使用【缩放(S)】、【旋转(R)】、【斜切(K)】、【扭曲(D)】和【透视(P)】命令,而不必从菜单中选择这些命令。若要应用这些变换,可在拖动变换框的手柄时使用不同的快捷键,或者直接在选项栏中输入数值,其具体操作如下。

步骤 1 选择需要变换的图像或图层。

步骤 2 选择【编辑】/【自由变换(F)】命令,或按 Ctrl+T 快捷键进入自由变换状态。

步骤 3 使用以下功能键执行某一变换操作。

- 缩放：移动光标至变换框的角点上直接拖动鼠标。
- 旋转：移动光标到变换框的外部(指针变为旋转形状)，然后拖动鼠标。按 Shift 键的同时拖动光标可限制为按 15°的增量旋转。
- 斜切：使用 Ctrl＋Shift 快捷键并拖动变换框边框。
- 扭曲：按 Ctrl 键并拖动变换控制框角点。
- 透视：使用 Ctrl＋Alt＋Shift 快捷键并拖动变换控制框角点。

步骤 4 按 Enter 键或双击鼠标应用变换，按 Esc 键取消变换。

3. 图像变换在实际中的运用

图像变换在后期处理中的运用常见于制作倒影和阴影，以增强画面的真实性。使用菜单命令制作倒影的具体步骤如下。

如图 2-57 所示的图像由于水面缺乏倒影，使得整个画面不够真实，下面使用变换功能制作倒影效果。

步骤 1 使用 Photoshop 软件，打开示例文件，如图 2-57 所示。

步骤 2 单击矩形选框工具，将水面以外的区域进行框选，如图 2-58 所示。

步骤 3 使用 Ctrl＋J 快捷键，将选区内的内容进行复制，得到【图层 1】。

图 2-57　示例文件

图 2-58　建立选区

步骤 4 使用 Ctrl＋T 快捷键，调用变换命令，右击图像，在弹出的右键快捷菜单中选择【垂直翻转】命令，如图 2-59 所示。

步骤 5 按 Enter 键，应用变换，使用移动工具，将图像移动至合适的位置，如图 2-60 所示。

图 2-59　垂直翻转

图 2-60　垂直翻转效果

步骤6 选择【滤镜】/【模糊】/【动感模糊】命令，在弹出的【动感模糊】对话框中设置参数，如图2-61所示。

步骤7 设置图层的不透明度为35%，最后效果如图2-62所示。

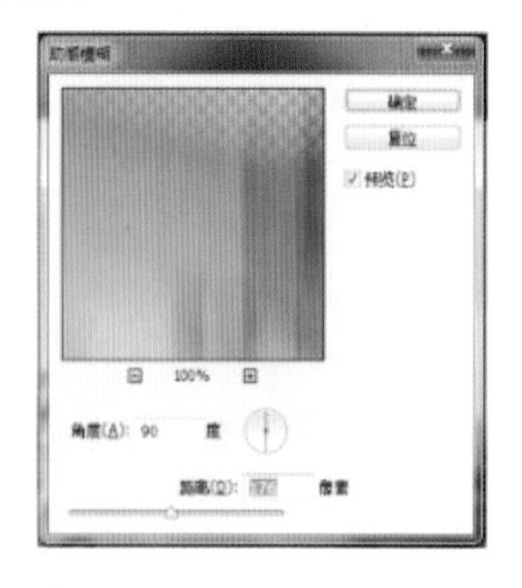

图2-61 动感模糊参数设置

图2-62 倒影效果

2.4.4 图像调整命令

要将众多的配景素材与建筑图像进行自然、和谐的合成，统一整体的颜色和色调是关键。效果图常用的图像调整命令包括：色阶、曲线、色彩平衡、亮度/对比度、色相/饱和度等，在【图像】/【调整】子菜单中可以分别选择各个调整命令。

1. 色阶

【色阶】命令通过调整图像的阴影、中间色调和高光的强度级别，来校正图像的色调范围和色彩平衡。【色阶】命令常用于修正曝光不足或曝光过度的图像，同时也可对图像的对比度进行调节。

在调整图像色阶之前，首先应仔细观察明度直方图中的"山"状像素分布图，"山"高的地方，表示此色阶处的像素较多，相反就表示像素较少。

如果"山"分布在右边，说明图像的亮部较多；如果"山"分布在左边，说明图像的暗部较多；如果"山"分布在中间，说明图像的中间色调较多，缺少色彩和明暗对比。

如图2-63所示的效果图，"山"主要分布在左侧，说明图像暗部较多，同时图像缺乏亮部区域。

对于此类图像，可以将高光滑块向左移动，扩展图像的色调范围，图像亮部即得到明显改善，如图2-64所示。相对应的，如果图像缺乏暗部区域，可以将阴影滑块向右移动。

图2-63 缺乏亮部区域的效果图

图2-64 色阶调整后的效果

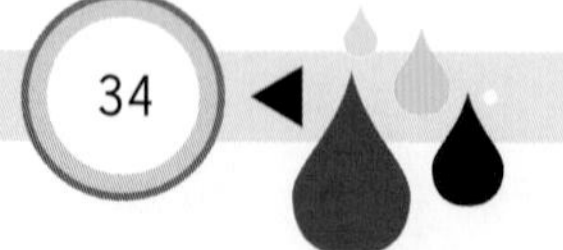

使用 Ctrl+L 快捷键，再次打开【色阶】对话框，可以看到图像像素已经分布于 0～255 的整个色调范围。

如图 2-65 所示的图像，“山”分布于色阶图的中间区域，因此图像缺乏亮光，整个图像看上去较灰，缺乏明暗对比。

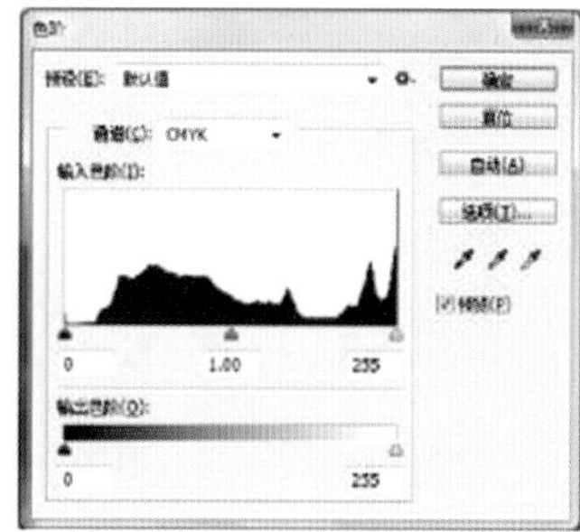

图 2-65　缺乏亮部的图像

对于缺乏亮光的图像，可将高光滑块向中间移动，如图 2-66 所示。

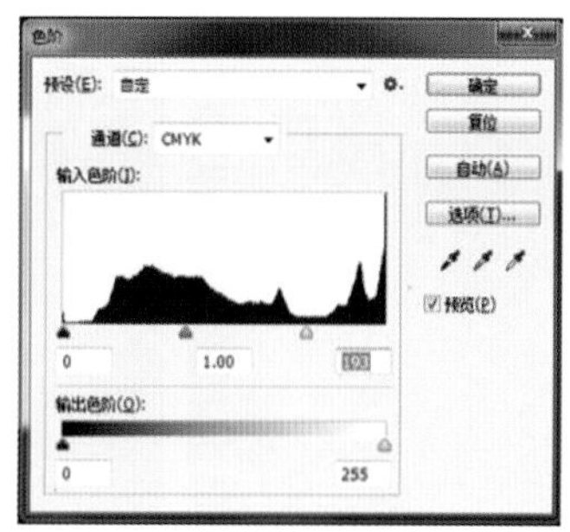

图 2-66　色阶调整

2. 曲线

与【色阶】命令类似，【曲线】命令也可以调整图像的整个色阶范围，所不同的是，【曲线】命令不是使用三个变量(高光、阴影、中间色调)进行调整，而是使用调节曲线，它最多可以添加 14 个控制点，因而曲线工具的调整更为精确和细致。

选择【图像】/【调整】/【曲线】命令，或者使用 Ctrl+M 快捷键，可以打开【曲线】对话框，如图 2-67 所示。

对于较暗的图像，可以将控制曲线向下弯曲，图像亮部层次被压缩，暗部层次被拉开，整个画面亮度提高。这种曲线适合于调整画面暗、亮部缺乏层次变换的图像，如图 2-68 所示。

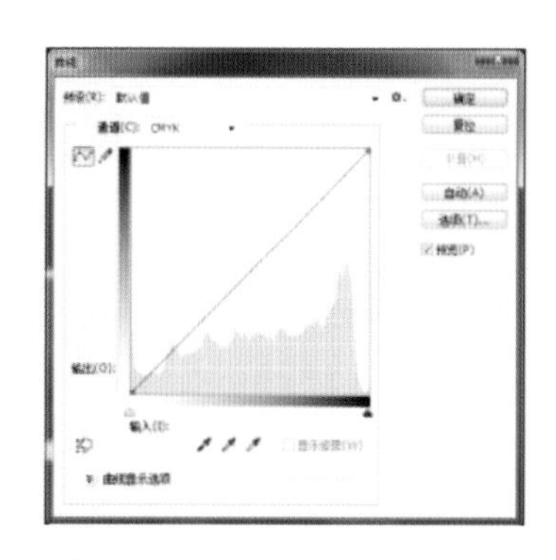

图 2-67　【曲线】对话框

图 2-68　较暗图像调整

对于较亮的图像，可以将控制曲线向上弯曲，图像的暗部层次被压缩，亮部层次被拉开，整个画面亮度下降。这种曲线适合调整画面偏亮、暗部缺乏层次变化的图像，如图 2-69 所示。

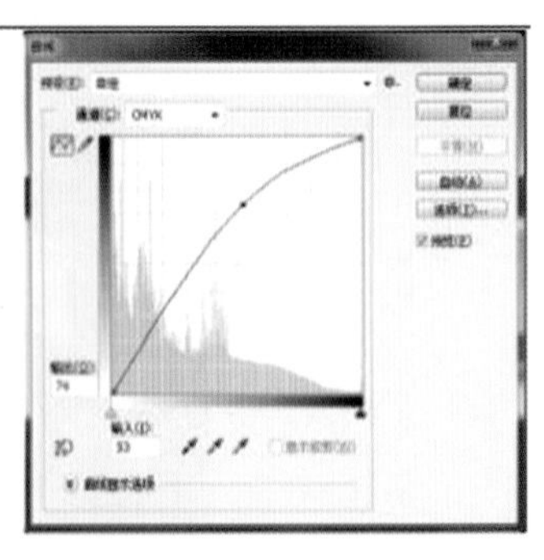

图 2-69　较亮图像调整

对于画面较灰暗，缺乏明暗对比的图像，可以调整控制曲线为如图 2-70 所示形状，拉开图像中间色调的层次，使整个画面对比度加强，图像反差加大。

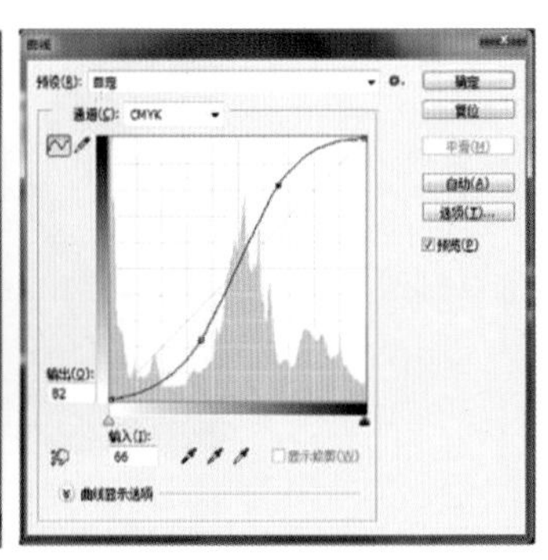

图 2-70　缺乏明暗对比的图像调整

3. 色彩平衡

【色彩平衡】命令根据颜色互补的原理，通过添加或减少互补色以改变图像的色彩平衡。例如，可以通过为图像增加红色或黄色使图像偏暖，当然也可以通过为图像增加蓝色或青色使图像偏冷。如图 2-71 所示的效果图中间色调和亮部区域颜色偏蓝，色彩不够自然，我们可以使用【色彩平衡】命令来进行调整。

使用 Ctrl＋B 快捷键，打开【色彩平衡】对话框，分别选中【中间调(D)】和【高光(H)】单选框，调整三个滑块如图 2-72 所示，将画面的中间色调和高光调暖。

图 2-71　色调偏冷的图像

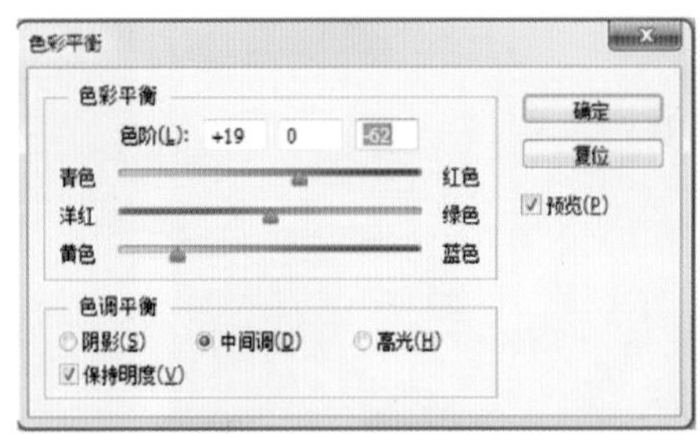

图 2-72　高光区域色调调整

画面高光调暖后，色彩更为自然，最终效果如图 2-73 所示。

4. 色相/饱和度

【色相/饱和度】命令主要用于改变图像像素的色相、饱和度和亮度，还可以通过定义像素的色相及饱和度实现灰度图像上色的功能，或创作单色色调效果。

选择【图像】/【调整】/【色相/饱和度】命令，弹出【色相/饱和度】对话框，如图 2-74 所示。【色相/饱和度】对话框中各参数的功能介绍如下。

图 2-73　色调调整效果

图 2-74　【色相/饱和度】对话框

- 下拉列表：可以选择所要进行调整的颜色范围。如果选择下拉列表中的【全图】选项，则能对图像中的所有元素起作用；如果选择了其他选项，则只对当前选中的颜色起作用。
- 色相：左右拖动滑块或在文本框中输入数值，可以调整图像的色相。
- 饱和度：左右拖动滑块或在文本框中输入数值，可以调整图像的饱和度。
- 颜色条：在对话框下部的两条颜色条显示了与色轮图上的颜色排列顺序相同的颜色。上面的颜色条显示的是调整前的颜色，下面的颜色条显示的是调整后的颜色。
- 着色：选中【着色(O)】复选框，彩色图像会变为单一色调，如图 2-75 所示。

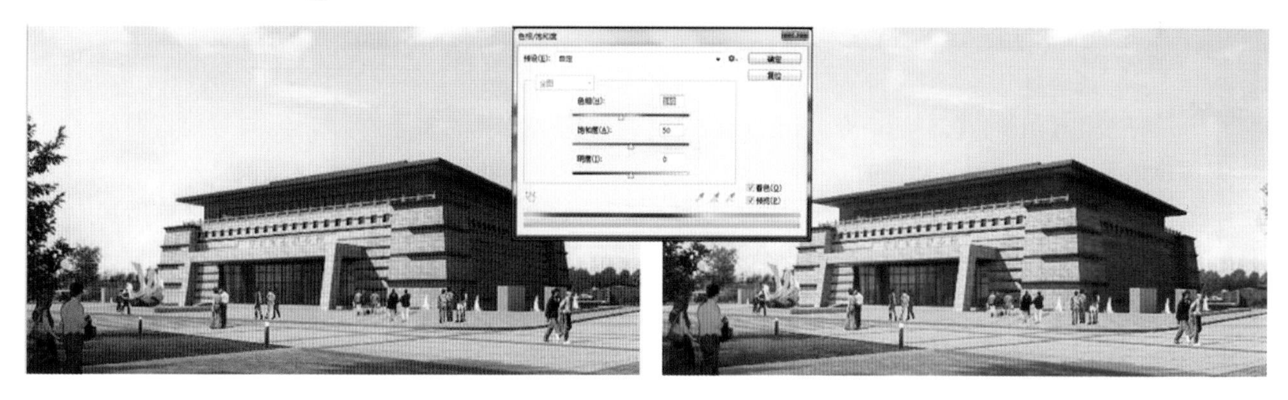

图 2-75　调整单一色效果

下面通过一个实例来介绍用【色彩/饱和度】命令来调整图像的具体方法。

步骤 1　选择【文件】/【打开】命令，打开如图 2-76 所示的文件。

客厅作为一个会客的公共空间，应该是朝气蓬勃、热情洋溢的。从图 2-76 来看，整个客厅看起来灰蒙蒙的，可使用【色调/饱和度】命令对其进行调整。

步骤 2　选择【图像】/【调整】/【色相/饱和度】命令，在弹出的【色相/饱和度】对话框中设置【色相】为 10，设置【饱和度】为 40，如图 2-77 所示。

执行上述操作后，图像效果如图 2-78 所示。

图 2-76　打开图像文件

图 2-77　参数设置

图 2-78 调整后的图像效果

本章小结

本章主要介绍了 Photoshop 软件中最重要的功能，包括图像修复工具以及图像色彩调整命令。其中，对图像修复工具中的修复画笔工具、修补工具、图章工具的基本使用方法和操作以及常用的图像色彩调整方法进行了详细的介绍，灵活掌握和应用图像修复工具，可以为效果图的后期处理工作带来极大的方便，掌握好各种色彩调整命令，是把握和调整效果图最终输出时的整体色调的关键。通过本章的学习，希望能够帮助读者更好地进行效果图后期处理工作，从而处理和调整出最佳的效果。

课堂练习

一、填空题

1. 选择【图像】/【调整】命令，然后在弹出的【调整】子菜单中选取相应的命令，可以对当前层图像的某一部分或整个图像的________、________、________以及________等进行调整。

2. 在利用选择工具进行图像选取时，按住________键创建选区，可以在现有的选区内增加选区；按住________键创建选区，可以在现有的选区内减少选区。

二、简答题

1. 简述利用图像修复工具对图像进行调整的优点。

2. 简述利用图像色彩调整命令对图像进行调整的优点。

3. 简述利用移动工具复制图像的方法。

第3章

平面效果图制作

PINGMIAN XIAOGUOTU ZHIZUO

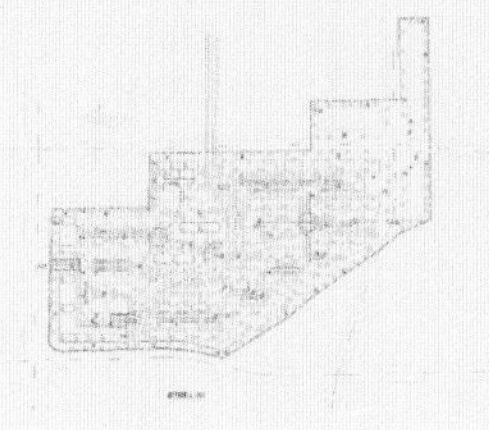

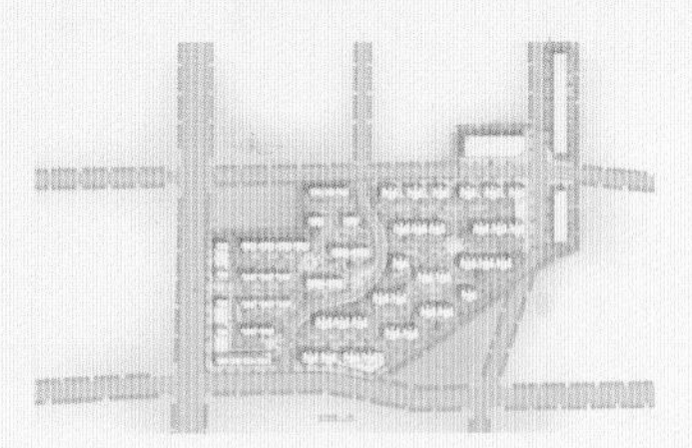

平面图是建筑设计过程中展示建筑成果的重要手段。对于平面图的制作，本章通过介绍户型平面图、总平面图两种类型的制作过程来进行讲解。

3.1 Photoshop 平面效果图制作流程概述

- 整理 CAD 图样内的线。除了最终文件中需要的线，其他的线和图形都要删除。
- 使用已经定义的绘图仪类型将 CAD 图纸保存为 EPS 文件。
- 在 Photoshop 软件中导入 EPS 文件。
- 在 Photoshop 软件中制作户型平面图。

3.2 从 Auto CAD 中输出 EPS 文件

3.2.1 添加 EPS 绘图仪

从 AutoCAD 导出图形文件至 Photoshop 软件中的方法较多，可以打印输出 TIF、BMP、JPEG 等位图图像，也可以输出为 EPS 等矢量图形。本小节只介绍输出 EPS 图形的方法。将 CAD 图形转换为 EPS 文件，首先需要安装 EPS 打印机。下面通过一个实例学习如何在 AutoCAD 中添加 EPS 绘图仪，具体步骤如下。

步骤 1 启动 AutoCAD，打开名称为“小户型平面图”的 CAD 图，如图 3-1 所示。

步骤 2 在 CAD 中选择【文件】/【绘图仪管理器】命令，打开 Plotters 文件，如图 3-2 所示。

图 3-1 打开小户型平面图

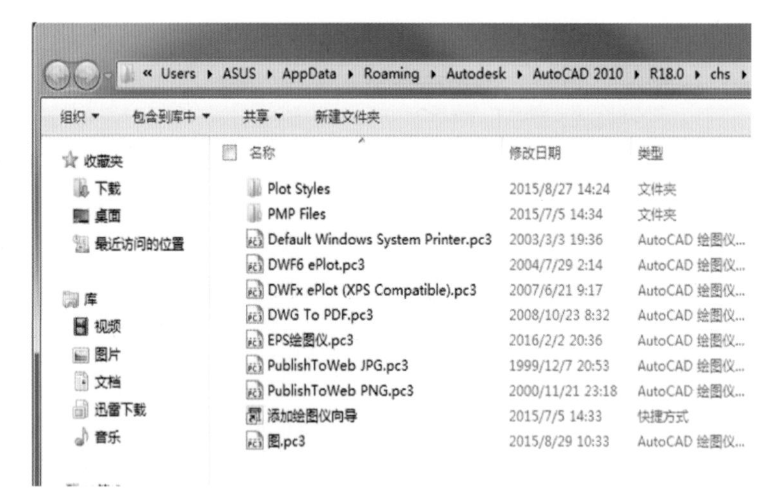

图 3-2 选择绘图仪管理器

专业指导：户型图一般都是使用 AutoCAD 软件设计的，要使用 Photoshop 软件对户型图进行上色和处理，必须从 AutoCAD 软件中将户型图导出为 Photoshop 软件可以识别的格式，这是制作彩色户型图的第一步，也是非常关键的一步。

步骤 3 双击【添加绘图仪向导】图标，打开添加绘图仪向导对话框，首先出现的是简介界面，如图 3-3 所示。其对添加绘图仪向导的功能进行简单介绍，单击【下一步(N)】按钮。

专业指导：Plotters 文件夹窗口用于添加和配置绘图仪和打印机。EPS 绘图仪为一种虚拟打印机。

步骤 4 在打开的【添加绘图仪-开始】对话框中选中【我的电脑(M)】单选按钮，单击【下一步(N)】按钮，如图 3-4 所示。

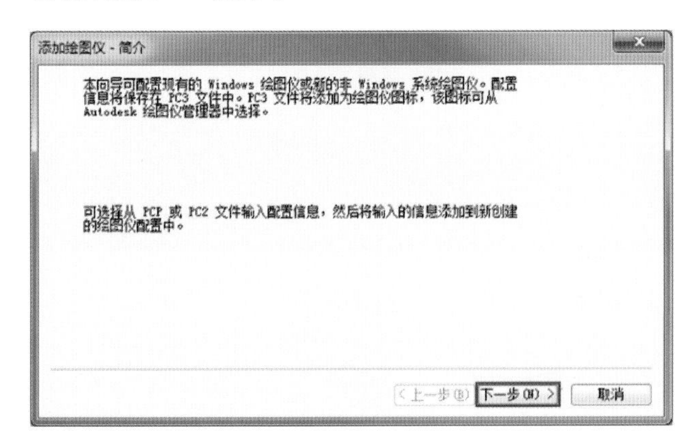

图 3-3 【添加绘图仪-简介】界面

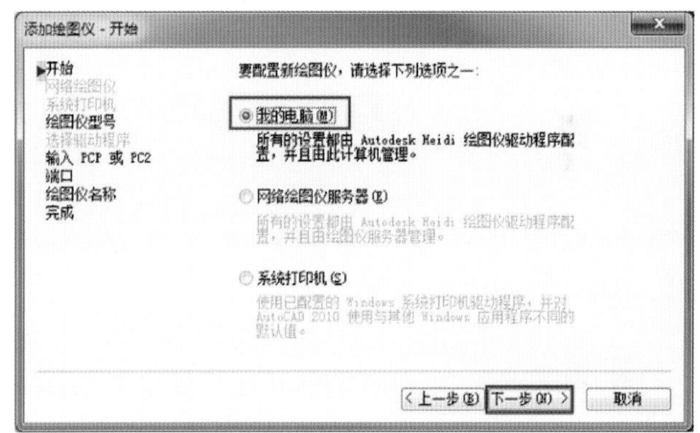

图 3-4 【添加绘图仪-开始】对话框

步骤 5 选择绘图仪的型号，这里选择 Adobe 公司的 PostScript Level 2 虚拟打印机，单击【下一步(N)】按钮，如图 3-5 所示。

步骤 6 在弹出的对话框中选择绘图仪的打印端口，这里选中【打印到文件(F)】单选按钮，单击【下一步(N)】按钮，如图 3-6 所示。

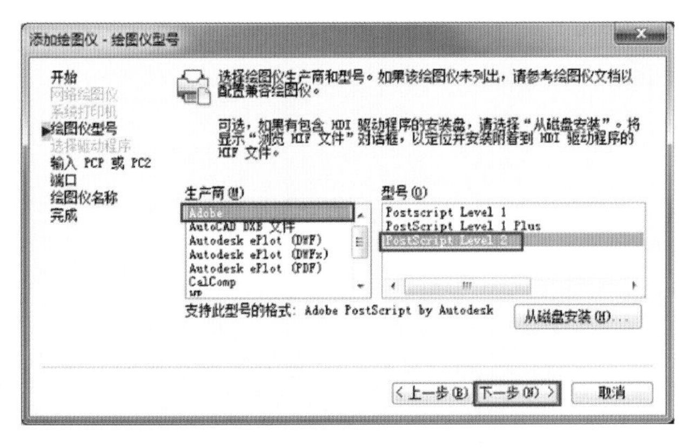

图 3-5 选择 PostScript Level 2 虚拟打印机

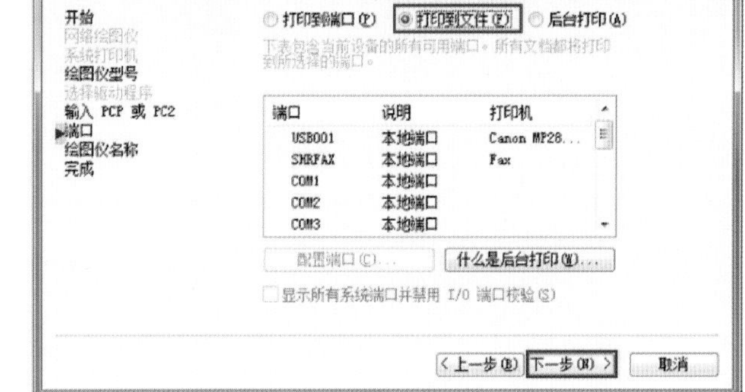

图 3-6 选中【打印到文件(F)】按钮

专业指导：EPS 图形是矢量图像格式，文件占用空间小，而且可以根据需要自由设置最后出图的分辨率，以满足不同精度的出图要求。

步骤 7　在弹出的对话框中输入【绘图仪名称(P)】为【EPS 绘图仪】，单击【下一步(N)】按钮，如图 3-7所示。

步骤 8　在对话框中单击【完成(F)】按钮，结束绘图仪添加向导，完成 EPS 绘图仪的添加，如图 3-8 所示。

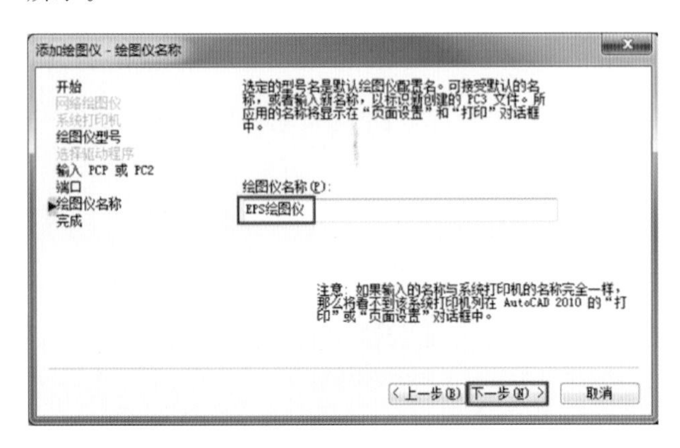

图 3-7　输入绘图仪名称

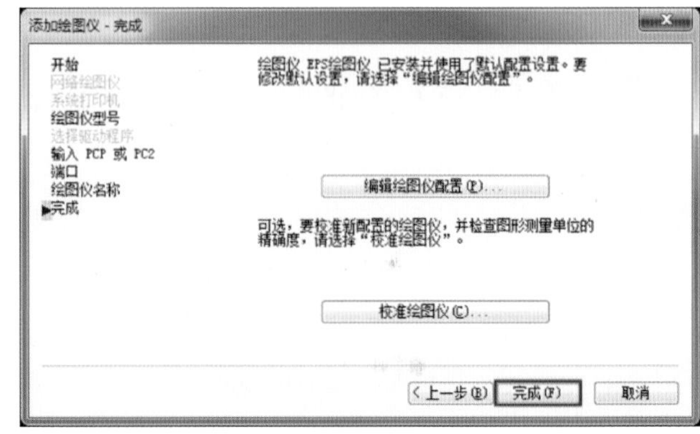

图 3-8　完成 EPS 绘图仪的添加

步骤 9　添加的 EPS 绘图仪显示在 Plotters 文件夹窗口中，如图 3-9 所示。

图 3-9　EPS 绘图仪显示在窗口中

专业指导：该绘图仪是一个以 PC3 为扩展名的绘图仪配置文件，在【打印】对话框中可以选择该绘图仪作为打印输出设备。

3.2.2 打印输出 EPS 文件

为了方便 Photoshop 软件进行选择和填充，在 AutoCAD 软件中导出 EPS 文件时，一般将墙体、填充、家具和文字分别进行导出，然后在 Photoshop 软件中合成。打印输出 EPS 文件的具体步骤如下。

步骤 1 打开 AutoCAD 软件，打开名为【小户型平面图】的 CAD 图。关闭【文字】和【标注】等图层。

步骤 2 使用 Ctrl+P 快捷键，打开【打印-模型】对话框，设置打印参数如图 3-10 所示，单击【打印样式表(笔指定)(G)】右侧的▣按钮，弹出【打印样式表编辑器】对话框，在其中设置参数，如图 3-11 所示。

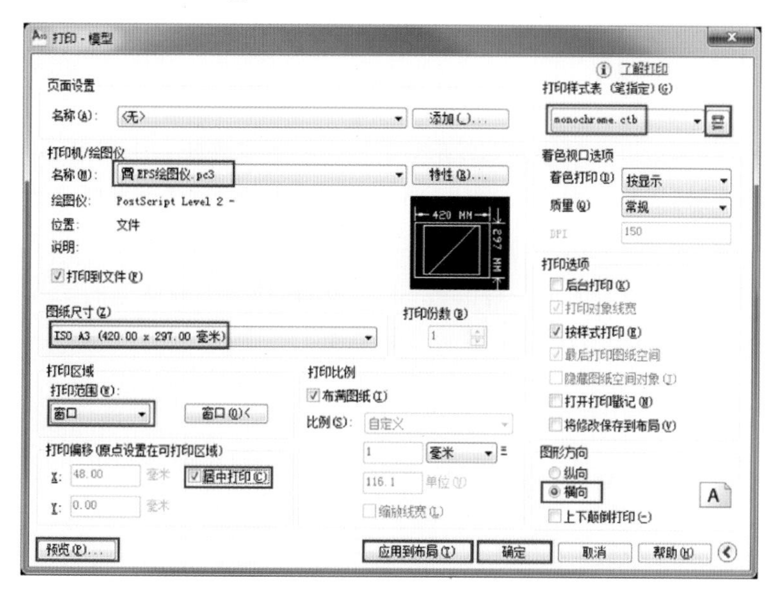

图 3-10　设置打印参数

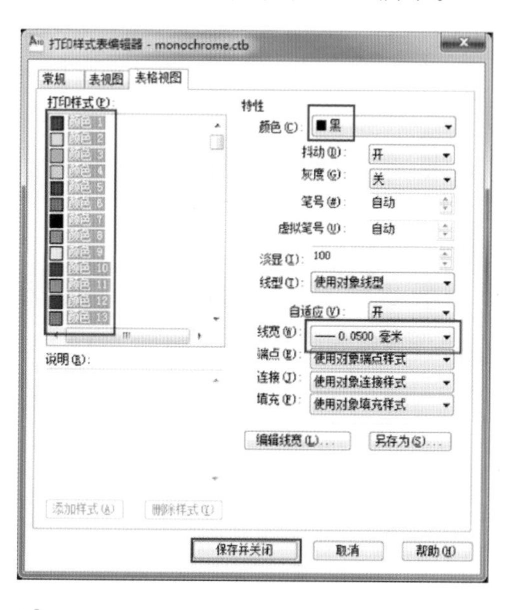

图 3-11　设置打印样式表参数

专业指导：为了方便在 Photoshop 软件中选择和填充，在 AutoCAD 中导出 EPS 图形文件时，一般将墙体和填充等不同类型分别导出，然后在 Photoshop 软件中合成。

步骤 3 单击【预览(P)...】按钮，预览打印效果，如图 3-12 所示，确认无误后单击【确定】按钮，输出建筑平面 EPS 图形文件，将保存的图形文件命名为【墙体】。

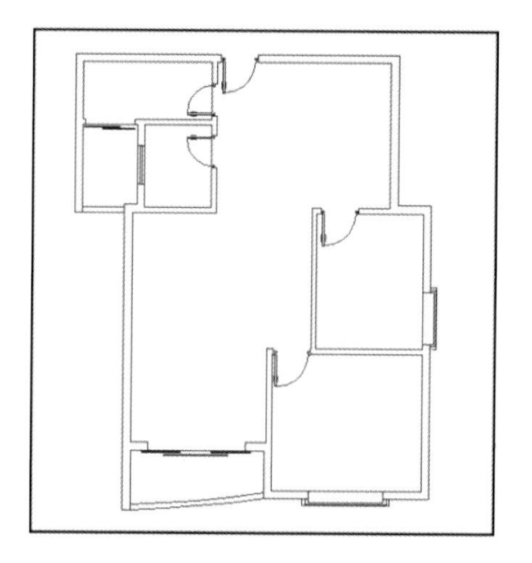

图 3-12　输出的建筑平面 EPS 图形文件

专业指导：选择所有的颜色打印样式的快捷键为 Shift+End。

步骤 4 使用同样的方法，打开【家具】图层，关闭其他图层，将【家具】图层输出为 EPS 图形文件，将输出的 EPS 文件命名为【家具】，如图 3-12 所示。

3.2.3 打开并合并 EPS 户型图

EPS 文件是矢量图形，在对户型图进行着色处理之前，需要将矢量图形栅格化为 Photoshop 软件可以处理的位图图像，图像的大小和分辨率可以根据实际需要灵活控制。下面通过一个实例学习如何将 EPS 图像文件进行栅格化处理，以及对齐并合并图像，具体步骤如下。

步骤 1 运行 Photoshop 软件，使用 Ctrl＋O 快捷键，打开名称为【墙体】的 EPS 图形文件，在弹出的对话框中设置文件大小、分辨率、色彩模式等相关信息，栅格化结果为一张背景透明的位图图像。

专业指导：对于同一个 dwg 格式的文件而言，若输出为不同的 EPS 文件，在栅格化图像时，所有参数设置必须保持一致，这样在后面图层对齐操作时，才可以实现多张图片的对齐。

步骤 2 按 Ctrl 键并单击图层面板上的创建新图层按钮，在当前图层的下方新建一个图层，并填充白色，双击【图层 1】的名称，将其重新命名为【线框】，如图 3-13 所示，将文件保存并命名为【小户型平面图】。

步骤 3 使用同样的方法栅格化【家具】的 EPS 图形文件。按 Shift 键的同时，把栅格化的家具 EPS 图形文件拖入【小户型平面图】图形文件窗口，将图层名称命名为【家具】，如图 3-14 所示。

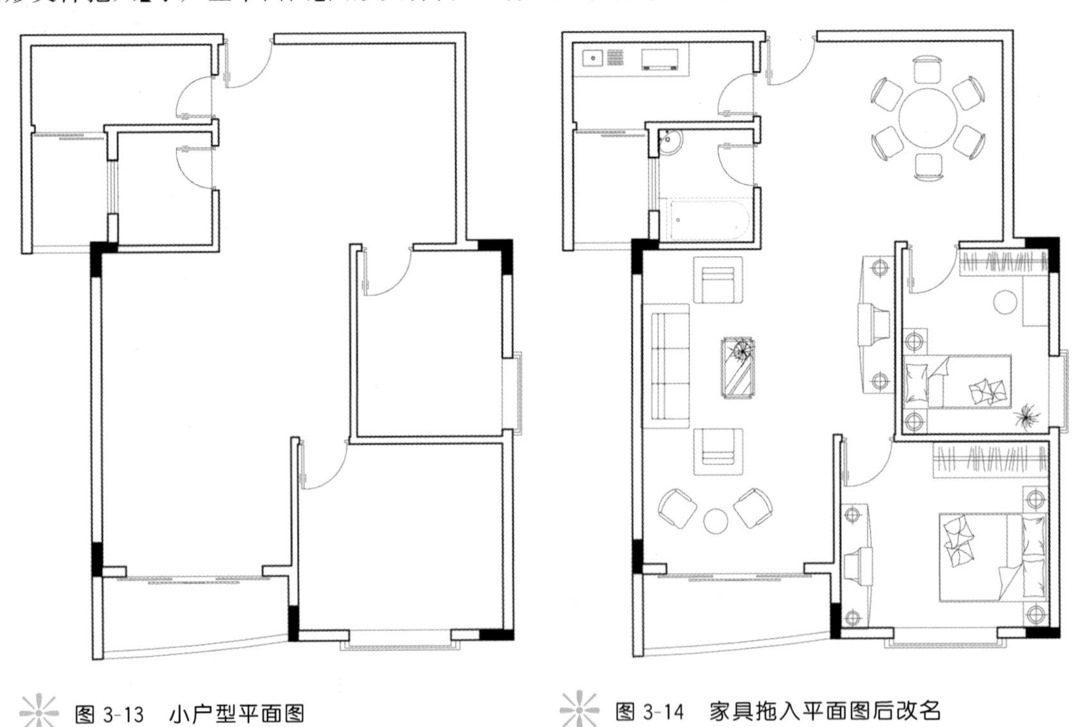

图 3-13 小户型平面图　　图 3-14 家具拖入平面图后改名

步骤 4 使用同样的方法把【地面】和【文字和其他】的 EPS 图形文件栅格化，合并到【小户型平面图】图形文件中，如图 3-15 所示。

步骤 5 为了使操作更加流畅，可以裁剪掉画面多余的部分以节约磁盘空间。选择裁剪工具，裁剪画面。

步骤 6 按 Enter 键确认，裁剪后的效果如图 3-16 所示。

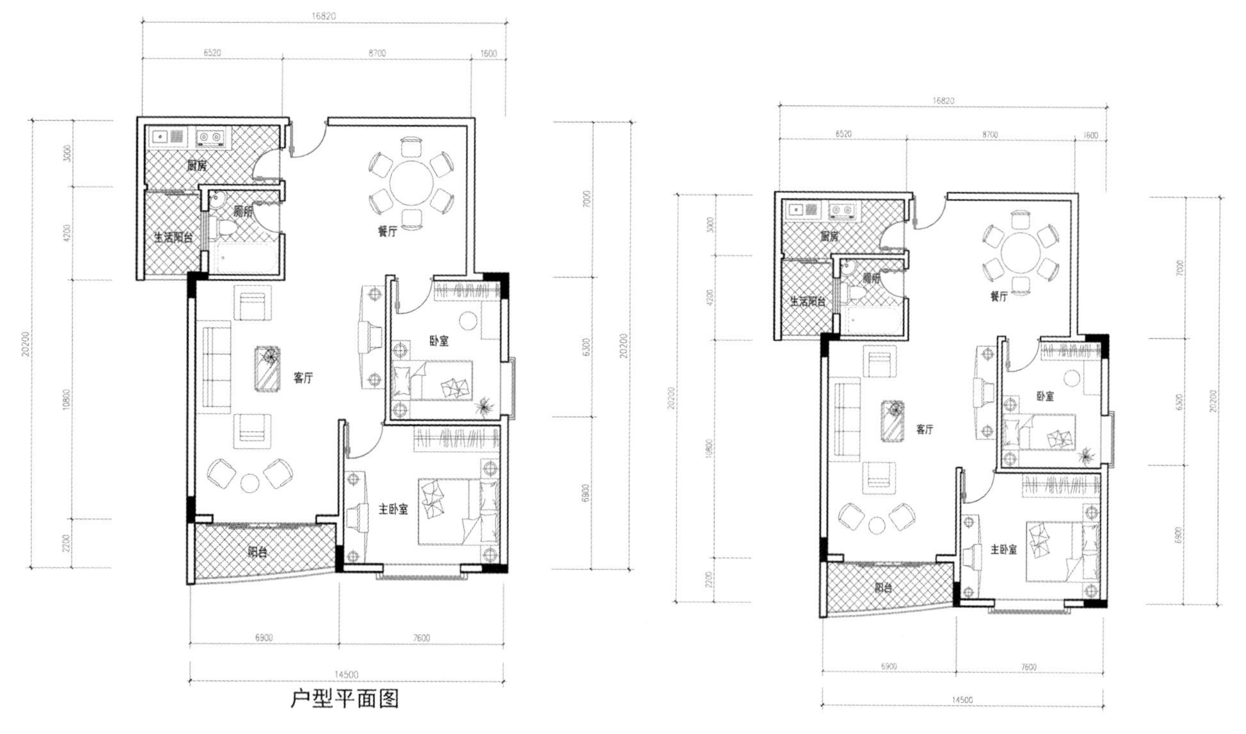

图 3-15　合并后的文件图

图 3-16　裁剪后的效果

3.3 平面图建筑轮廓的制作

3.3.1 填充法制作户型图墙体

本实例通过使用魔术棒工具，将墙体部分进行选择，并填充颜色，制作户型图的墙体。

步骤 1 运行 Photoshop 软件，使用 Ctrl+O 快捷键，打开名称为【制作户型图墙体】的 PSD 文件。

步骤 2 单击图层上面的图标，隐藏【家具】【地面】和【文字和其他】图层。

步骤 3 选择【线框】图层，选择魔棒工具，设置工具选项栏中的参数，按 Shift 键增加选择墙体部分。

> 专业指导：在选择墙体时，按 Shift 键可增加选择区域，按 Alt 键可减少选择区域。

步骤 4 单击图层面板上的创建新图层按钮，新建图层，设置前景色为黑色。使用 Alt+Delete

快捷键，填充前景色，使用 Ctrl＋D 快捷键取消选择，如图 3-17 所示。至此，墙体制作完成。

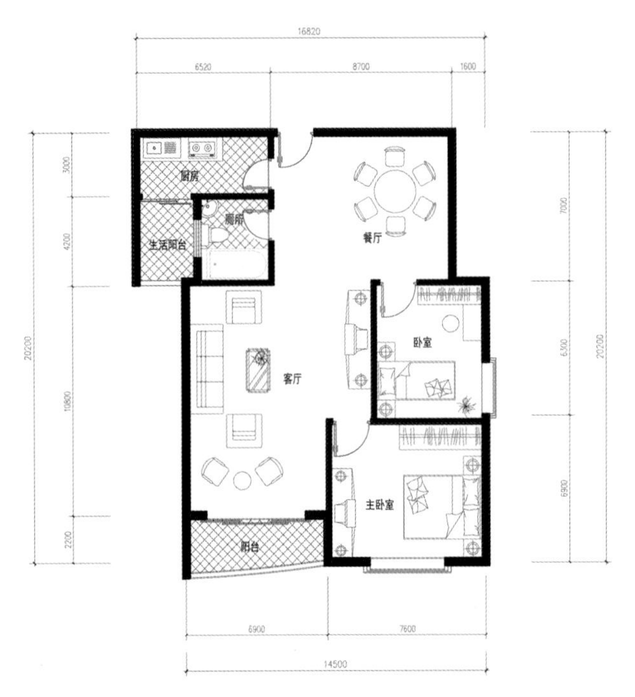

图 3-17　墙体制作完成效果

3.4 平面图室内模块的制作与引用(定义图案法制作)

本实例主要学习利用定义图案的方法制作地面地砖效果。

3.4.1 制作客厅地面区域

步骤 1　运行 Photoshop 软件，使用 Ctrl＋O 快捷键，打开名称为【制作户型图地面】的 PSD 文件。选择【地面】图层，单击图层上面的图标，显示【地面】图层。

> **专业指导**：观察图片，地面区域划分基本完成，但是部分地方封闭不完整，需要进行调整，可以将图像放大，进行局部观察。

步骤 2　使用 Ctrl＋Shift＋N，新建一个图层，设置前景色为黑色，选择直线工具，设置直线工具的像素为 2，封闭不完整的线条。

步骤 3　选择【地面】图层，将图像放大显示，选择矩形选框工具，选择客厅中一块地砖对应的区域。

步骤 4 选择【编辑】/【定义图案】命令，在弹出的对话框中单击【确定】按钮。

步骤 5 使用 Ctrl+D 快捷键，取消选择，隐藏【地面】图层，选择【图层 4】，使用魔棒工具选择客厅地砖对应的区域。新建一个图层，设置前景色为浅黄色，填充前景色。

步骤 6 选择【图层】/【图案样式】/【图案叠加】命令，弹出【图层样式】对话框，设置【图层模式】为正片叠底，设置【缩放】为 100%，勾选【与图层链接】，其效果如图 3-18 所示。

专业指导：图层样式对话框中，【缩放】选项用于控制填充图案的大小比例。其值越大，图案显示越大；其值越小，图案显示越小。

3.4.2 制作防滑地砖区域

制作防滑地砖区域的具体步骤如下。

步骤 1 选择魔棒工具，并按 Shift 键，选择多个区域。

步骤 2 新建一个图层，设置前景色为淡蓝色，使用 Alt+Delete 快捷键，填充前景色。

步骤 3 选择【图层】/【图层样式】/【图案叠加】命令，弹出【图层样式】对话框，设置【图层模式】为正片叠底，设置【缩放】为 60%，勾选【与图层链接】。

步骤 4 单击【确定】按钮，得到如图 3-19 所示的效果。

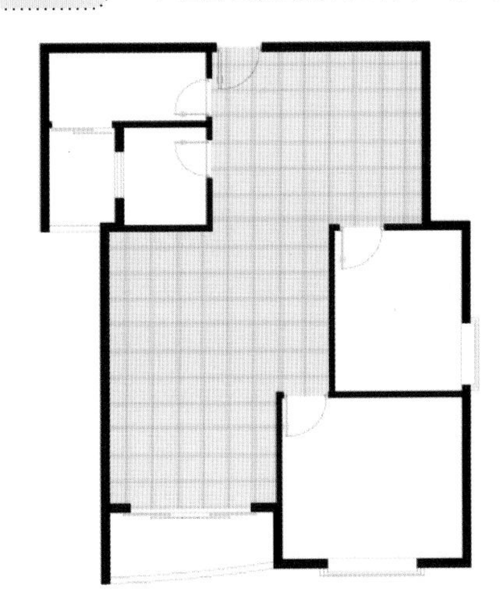

图 3-18 客厅地面区域填充效果

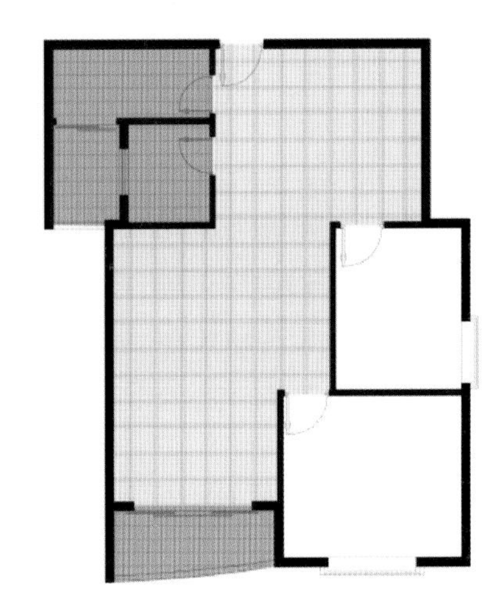

图 3-19 防滑砖区域填充效果

3.4.3 制作复合木地板区域

制作复合木地板区域的具体步骤如下。

步骤 1 使用 Ctrl+O 快捷键，打开木地板材质图片。使用 Ctrl+A 快捷键，全选图像，选择【编辑】/【定义图案】命令，将该图片定义为图案。

步骤 2 选择魔棒工具，选择木地板区域，新建一个图层，填充前景色（设置 R 为 237，G 为 206，

B 为 255)，使用 Ctrl+D 快捷键，取消选择。

步骤 3 选择【图层】/【图层样式】/【图案叠加】命令，弹出【图层样式】对话框，在该对话框的图案按钮中选择刚才定义的木地板材质，单击【确定】按钮，其效果如图 3-20 所示。

步骤 4 使用类似的方法制作其他地面和飘窗，如图 3-21 所示。

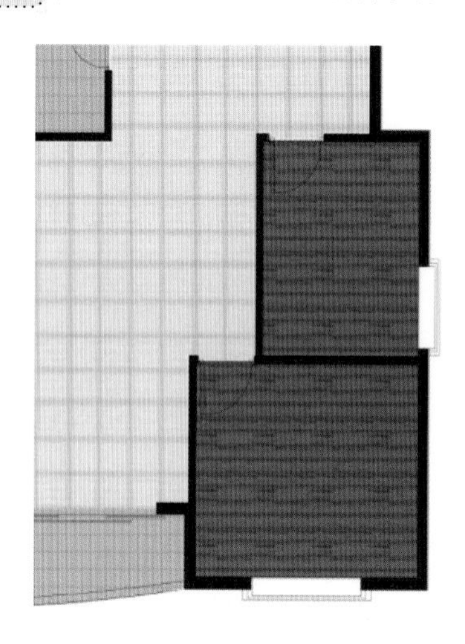

图 3-20 木地板填充后的效果

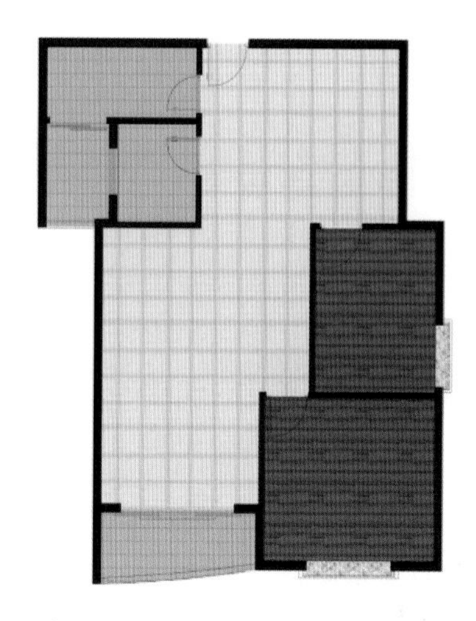

图 3-21 其他区域填充后效果

3.4.4 贴入素材法制作户型图家具

本实例主要学习利用现有素材装饰户型图，使图面效果更丰富。其中，主要介绍了利用渐变方法制作简单的家具，具体步骤如下。

步骤 1 运行 Photoshop 软件，使用 Ctrl+O 快捷键，打开名称为【制作户型图家具】的 PSD 文件。

步骤 2 选择【家具】图层，显示该图层，调整图层的次序。

步骤 3 使用 Ctrl+O 快捷键，打开【沙发】素材文件。选择沙发，拖动到当前效果图操作窗口，使用 Ctrl+T 快捷键，调用【变换】命令，右击图像，在弹出的右键快捷菜单中选择水平翻转选项，并调整大小和位置。

步骤 4 使用 Ctrl+O 快捷键，打开【布纹】素材文件。

步骤 5 使用 Ctrl+A 快捷键，全选图像，选择【编辑】/【定义图案】命令，将布纹素材定义为图案。

步骤 6 选择沙发素材图层，选择【图层】/【图层样式】/【图案叠加】命令，弹出【图层样式】对话框，设置混合模式为正片叠底，同时制作沙发阴影效果。

步骤 7 选中【投影】复选框，并设置相关参数。

步骤 8 使用同样的方法制作沙发旁边的小方几。

步骤 9 使用 Ctrl+Shift+N 快捷键，新建一个图层，选择矩形工具，在工具选项栏中的选择路径，绘制矩形路径，使用 Ctrl+T 快捷键，调用【变换】命令，调整矩形的大小和形状，使之与家具线框匹配，按 Enter 键确认变换，使用 Ctrl+Enter 快捷键，将路径转化为选区。选择渐变工具，设置渐变颜色，如图 3-22所示。

步骤 10 拉伸一个线性渐变，如图 3-23 所示，使用 Ctrl+D 快捷键，取消选择。

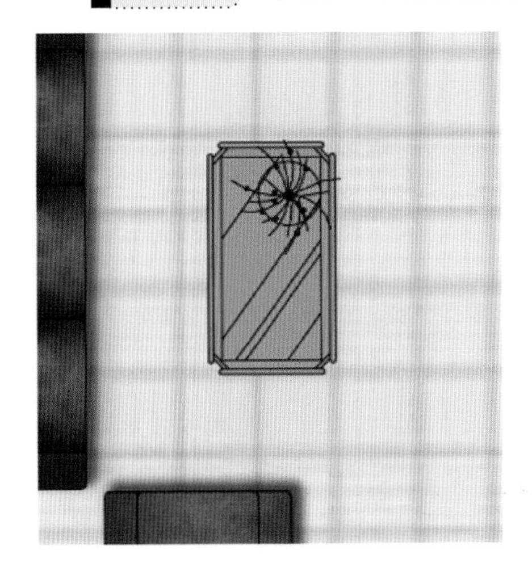

图 3-22 设置茶几颜色

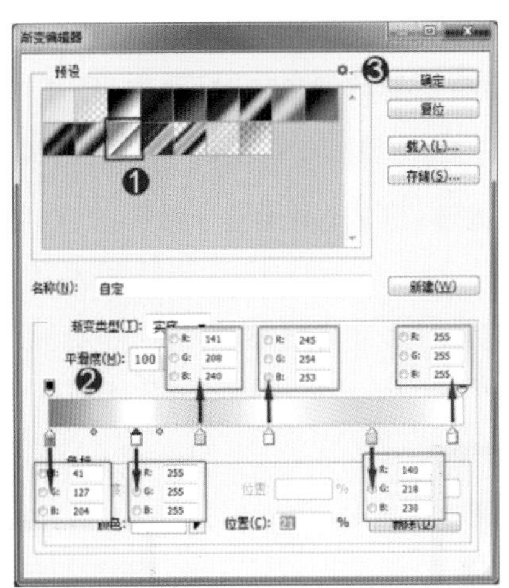

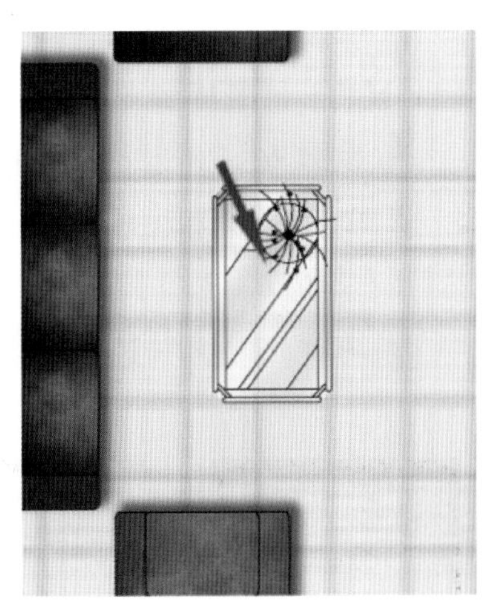

图 3-23 用渐变工具改变茶几的色彩

步骤 11 选择【图层】/【图层样式】/【投影】命令，设置【填充】为 78%，为茶几添加投影。

步骤 12 使用 Ctrl+O 快捷键，打开【地毯】素材文件，把该素材添加到场景中，调整大小和位置，选择【图层】/【图层样式】/【投影】命令，弹出【图层样式】对话框，设置相应参数，单击【确定】按钮，添加地毯的效果。

步骤 13 新建图层，选择矩形选框工具 ，创建选区。使用 Ctrl+O 快捷键，打开【大理石】素材，把该素材定义为图案。

步骤 14 填充前景色，使用 Ctrl+D 快捷键，取消选择，选择【图层】/【图层样式】/【图案叠加】命令，弹出【图层样式】对话框，设置相应参数。

步骤 15 设置斜面浮雕参数和投影参数，完成电视柜的效果制作。

步骤 16 选择矩形选框工具 ，选择电视机区域，使用 Ctrl+Shift+N 快捷键，新建一个图层，选择渐变工具 ，拉伸一个渐变色，完成电视机和环绕音响的效果制作。

步骤 17 使用类似的方法制作出其他地方的家具效果，如图 3-24 所示。

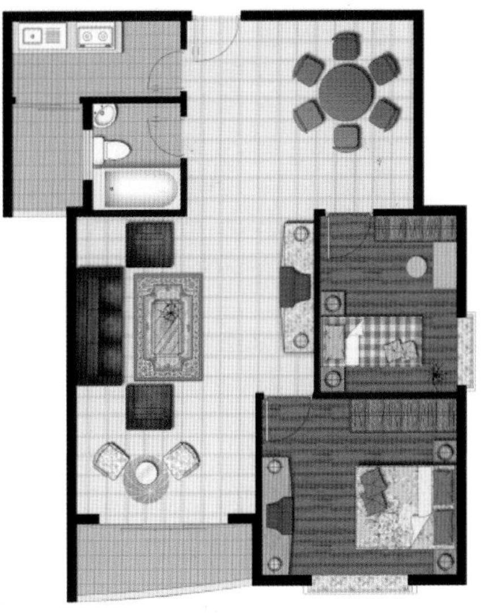

图 3-24 添加材质和家具后的效果

3.4.5 添加绿色植物

本实例主要学习依据打印输出的线稿，来添加绿色植物图例。通过添加绿色植物，可以使户型图颜色更为丰富，效果更为逼真。

步骤 1 使用 Ctrl+O 快捷键，打开绿色植物的图例。

步骤 2 将素材移动复制到当前效果图中，放置于平面图中合适的位置。

步骤 3 使用 Ctrl+O 快捷键，打开另外一个绿色植物的图例。选择【选择】/【色彩范围】命令，在弹出的【色彩范围】对话框中，单击植物以外的白色区域，然后单击【确定】按钮，建立选区。

步骤 4 使用 Ctrl+Shift+I 快捷键，反选选区，将图例素材全部选中，移动到当前效果图中。

步骤 5 使用 Ctrl+T 快捷键，进入【自由变换】状态，调整图例大小以适合效果图，添加到如图 3-25所示的位置。

步骤 6 添加【文字及其他】图像，最后效果如图 3-26 所示。

图 3-25 添加绿色植物

图 3-26 户型平面图最终调整效果

3.4.6 小结

本节主要介绍了彩色户型平面图的绘制方法与技巧，并进行平面图表现的实例演示。

在绘制彩色户型平面图的过程中，首先应注意图纸的整理工作，然后进行 CAD 图纸的输出，在 Photoshop 软件中导入 EPS 文件后，需进行墙体的填充，并确定地面材质，以及家具和绿色植物的添加，最终完成效果图的绘制。

3.4.7 课后练习

（1）请各位同学结合本节所学习的知识，在图 3-27 和图 3-28 所示的渲染图中任选一张，进行户型平面效果图制作。

（2）练习过程中需要注意填色工具、渐变工具、定义图案等常用工具的基本用法。

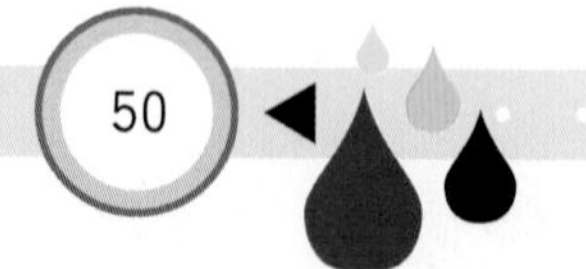

图 3-27　实例训练——户型效果图参考 1

图 3-28　实例训练——户型效果图参考 2

3.5 彩色总平面图制作

彩色总平面图通常又称为二维渲染图，主要用来展示大型规划设计方案，早期的建筑规划设计图制作较为简单，大都使用喷笔、水彩与水粉等工具手工绘制，引入计算机技术后，规划图的表现手法日趋成熟和多样，不仅在素材上引入了真实的草地、水面、树木，而且在表现手法上也突破传统的表现方式，以艺术为前提，引入手绘风格、水彩风格等表现手法，使得制作完成的彩色总平面图别具特色。

3.5.1 AutoCAD输出平面图

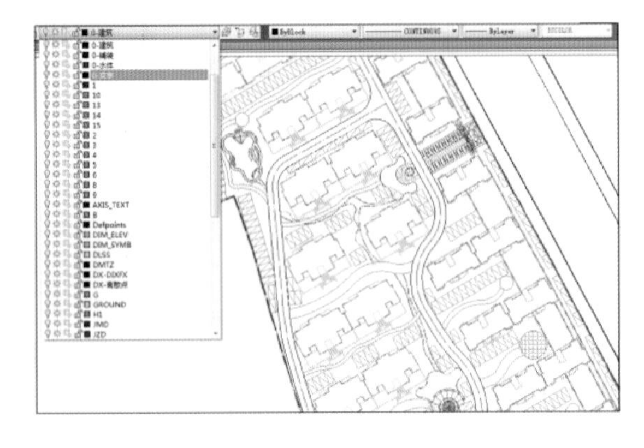

图 3-29　打开 CAD 图形

使用 AutoCAD 输出平面图的具体步骤如下。

步骤 1　启动 AutoCAD，打开名称为【彩平图】的 CAD 图形，如图 3-29 所示。

步骤 2　关闭【文字】和【RD-中线】以及【RD-道路】等图层。

步骤 3　使用 Ctrl+P 快捷键，打开【打印-模型】对话框，设置打印参数如图 3-30 所示，单击右上角的按钮，在弹出的【打印样式表编辑器】对话框中设置打印样式参数，如图 3-31 所示。

步骤 4　单击【预览(P)...】按钮，预览打印效果，如图 3-32 所示，确认无误后单击【确定】按钮，输出建筑平面图 EPS 格式的图形文件，命名为【彩平图】。

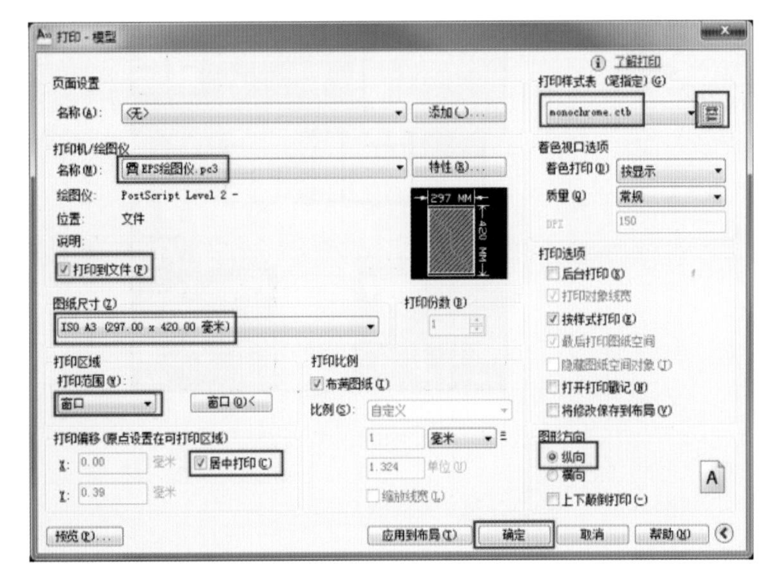

图 3-30　设置打印参数

图 3-31　设置打印样式参数

步骤 5　打开【文字】图层和中线所在图层，关闭其他图层，将图像输出为 EPS 图形文件，如图 3-33 所示，把输出的 EPS 格式的图形文件命名为【文字】。

步骤 6　使用同样的方法输出其他类型图层的 EPS 格式的图形文件并分别命名。

图 3-32　预览建筑平面图层

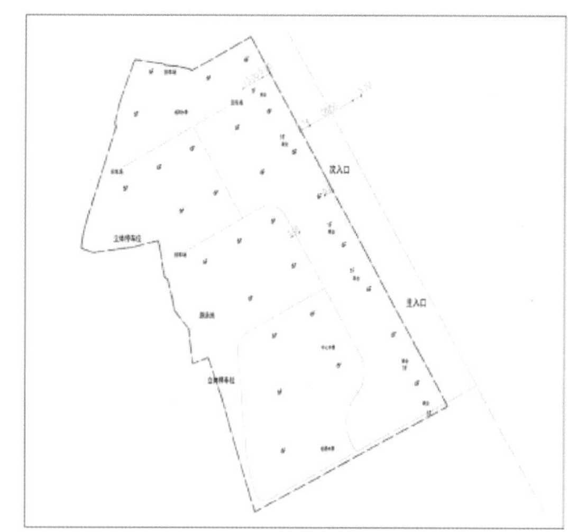

图 3-33　输出文字图层

3.5.2 栅格化 EPS 文件并合并平面图

本实例主要学习栅格化 EPS 图形文件，并合并总平面图各个部分内容，具体步骤如下。

步骤 1　运行 Photoshop 软件，使用 Ctrl＋O 快捷键，打开名称为【彩平图】的 EPS 图形文件。

步骤 2　在当前图层的下方新建一个图层并填充为白色，如图 3-34 所示，将【图层 1】重命名为【线框】，将文件保存并命名为【彩平图. psd】。

步骤 3　使用同样的方法把名称为【文字】的 EPS 图形文件栅格化。

步骤 4　按 Shift 键并将栅格化的文字 EPS 图形文件拖入【彩平图】的图形文件中，将图层名称重新命名为【文字】，如图 3-35 所示。

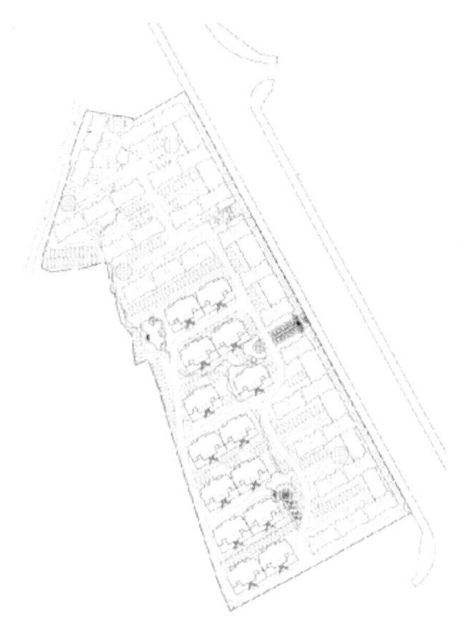

图 3-34　【线框】图层

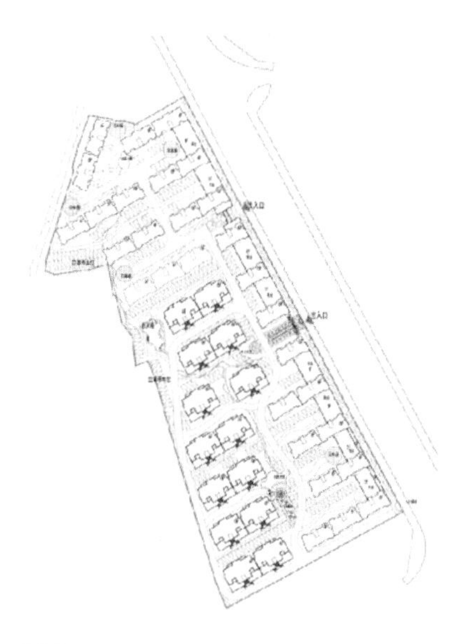

图 3-35　合并文字图层

步骤 5 为了使操作更加流畅，可以裁剪掉画面中多余的部分，使用裁剪工具，裁剪画面，按 Enter 键确认。修改图层名称，将线框图层命名为【建筑】图层，将白色背景图层命名为【背景】图层。

3.5.3 制作马路和基本铺色

本实例主要学习利用选择工具选择区域，制作路面和背景的填色效果，具体步骤如下。

步骤 1 运行 Photoshop 软件，使用 Ctrl+O 快捷键，打开名称为【彩平图】的 PSD 图形文件。

步骤 2 选择矩形选框工具，创建选区，在背景图层上新建图层，设置前景色为绿色，使用 Alt+Delete 快捷键，填充前景色，如图 3-36 所示，使用 Ctrl+D 快捷键，取消选择。

步骤 3 选择魔棒工具，选择路面部分，如图 3-37 所示。单击快速蒙版按钮，进入蒙版编辑模式。

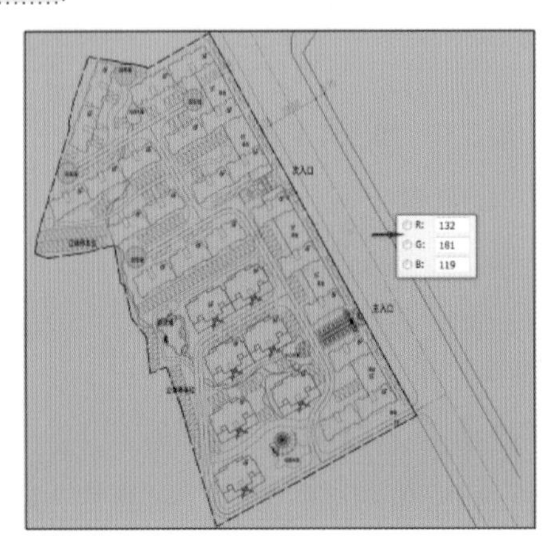

图 3-36 设置并填充前景色

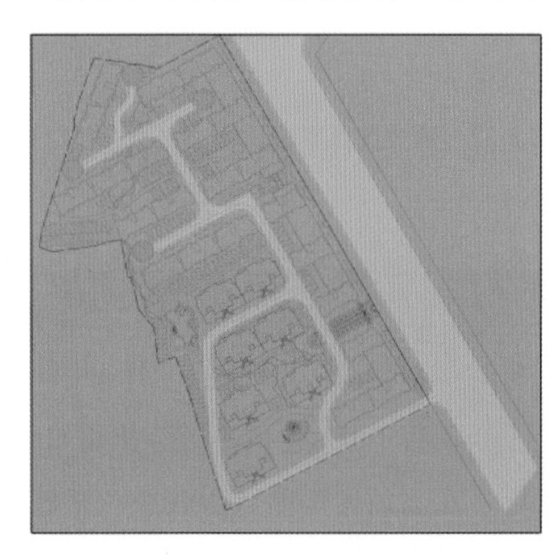

图 3-37 选择路面部分

步骤 4 选中魔棒工具，选择没有被完全选中的路面部分，填充白色，使用 Ctrl+D 快捷键，取消选择。单击快速蒙版按钮，退出蒙版编辑模式。

步骤 5 设置前景色为灰色，使用 Ctrl+Shift+N 快捷键，新建一个图层。使用 Alt+Delete 快捷键，填充前景色，如图 3-38 所示。使用 Ctrl+D 快捷键，取消选择。

步骤 6 使用类似的方法填充路沿的颜色，如图 3-39 所示。

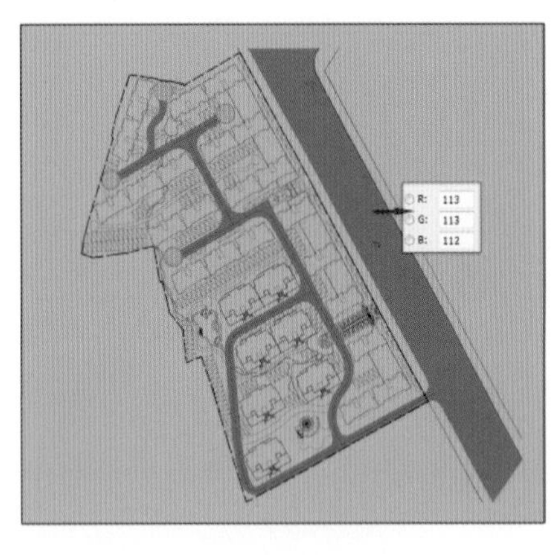

图 3-38 填充马路颜色

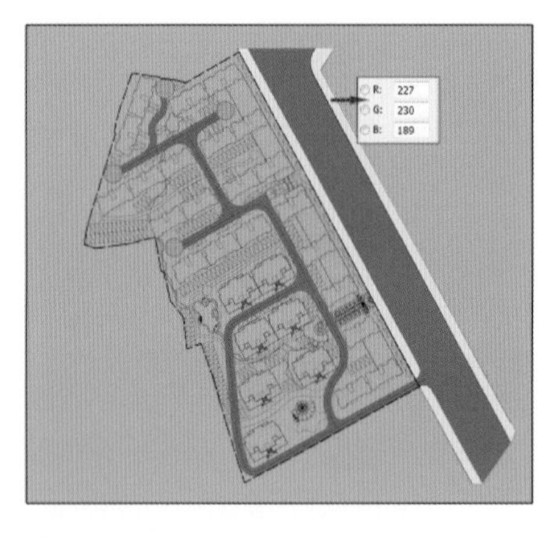

图 3-39 填充路沿的颜色

3.5.4 制作草地

本实例主要学习利用魔棒工具选择区域，以及填充草地颜色效果，具体步骤如下。

步骤 1 运行 Photoshop 软件，使用 Ctrl+O 快捷键，打开上一案例【彩平图】完成的 PSD 图形文件。

步骤 2 选择魔棒工具，选择草地部分。设置前景色为草绿色，使用 Ctrl+Shift+N 快捷键，填充前景色；使用 Ctrl+D 快捷键，取消选择。

步骤 3 设置前景色为较浅的绿色，使用 Ctrl+Shift+N 快捷键，新建一个图层。使用 Alt+Delete 快捷键，填充前景色。使用 Ctrl+D 快捷键，取消选择，最后草地效果如图 3-40 所示。

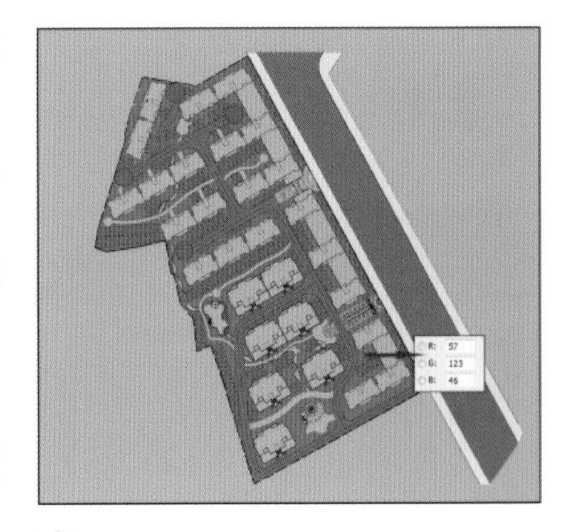

图 3-40　草地制作效果

3.5.5 制作建筑

本实例主要学习给彩平面中的建筑填色，具体步骤如下。

步骤 1 运行 Photoshop 软件，使用 Ctrl+O 快捷键，打开上一案例【彩平图】完成的 PSD 图形文件。

步骤 2 选中魔棒工具，选择建筑部分。单击快速蒙版按钮，进入蒙版编辑模式。

步骤 3 选中魔棒工具，选择没有被完全选中的建筑部分，填充白色，使用 Ctrl+D 快捷键，取消选择。

步骤 4 设置前景色为浅黄色，使用 Ctrl+Shift+N 快捷键，新建一个图层。使用 Alt+Delete 快捷键，快速填充前景色，如图 3-41 所示。使用 Ctrl+D 快捷键，取消选择。

步骤 5 选择商业建筑，填充浅红色。双击该图层缩览图，打开【图层样式】对话框，勾选【图案叠加】复选框，将图层的【混合模式】设置为正片叠底，【缩放】比例设置为 1%。

步骤 6 选择【图层】/【图层样式】/【内阴影】命令，设置【内阴影】参数和效果。

步骤 7 使用类似的方法制作其他地方的建筑，如图 3-42 所示。

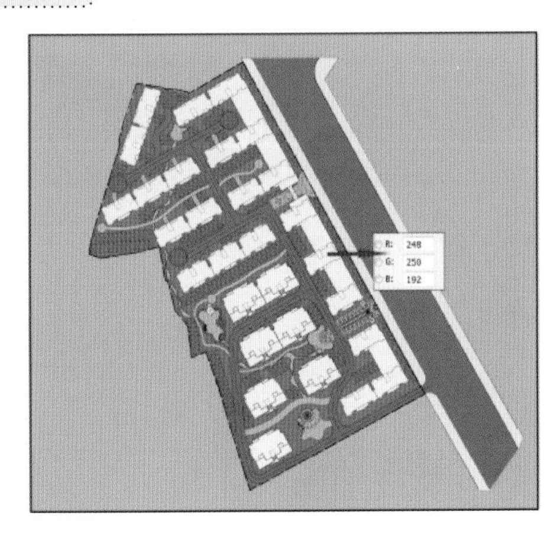

图 3-41　填充前景色

图 3-42　建筑的制作效果

3.5.6 制作铺地

本实例主要学习利用定义图案、填色和杂色命令等来制作各种铺地效果，具体步骤如下。

步骤 1 运行 Photoshop 软件，使用 Ctrl＋O 快捷键，打开上一案例【彩平图】完成的 PSD 图像文件。

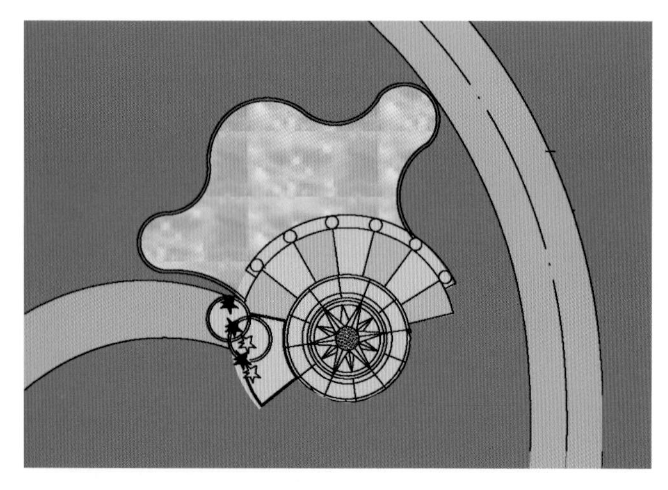

图 3-43 填充铺地颜色

步骤 2 使用 Ctrl＋O 快捷键，打开铺地素材。选择【编辑】/【定义图案】命令，在弹出的对话框中单击【确定】按钮，将铺地素材定义为图案。

步骤 3 选中魔棒工具，选择铺地区域，任意填充一种颜色，如图 3-43 所示。

步骤 4 选择【图层】/【图层样式】/【图案叠加】命令，弹出【图层样式】对话框，设置参数，单击【确定】按钮，其效果如图 3-44 所示。

步骤 5 单击图层面板上的【创建新的填充或调整图层】按钮，在弹出的快捷菜单中的选择【色相/饱和度】选项，设置相应参数，关闭面板。使用 Ctrl＋Alt＋G 快捷键，创建剪贴蒙版。使用 Ctrl＋D 快捷键，取消选择。

步骤 6 使用同样的方法，为其他地方的铺地填充图案，其效果如图 3-45 所示。

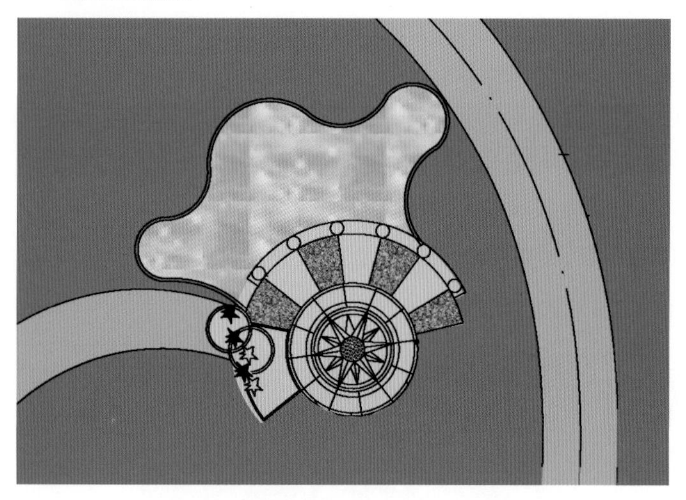

图 3-44 设置铺地材质效果

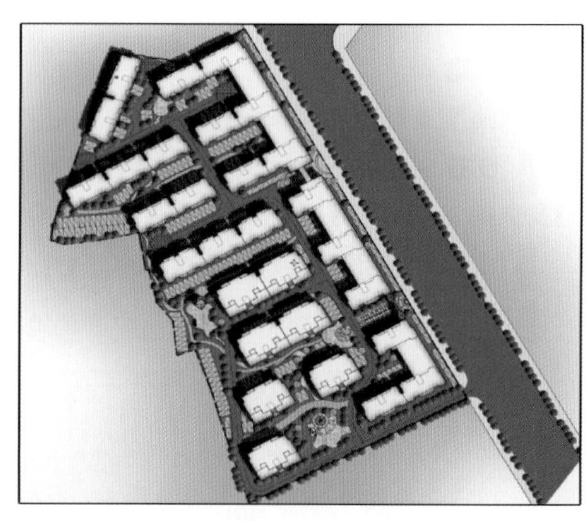

图 3-45 完成铺地制作

专业指导：在选择区域时，可以同时按 Shift 键增加选择区域，按 Alt 键减少选择区域，相当于分别按下工具选项栏中的和按钮。

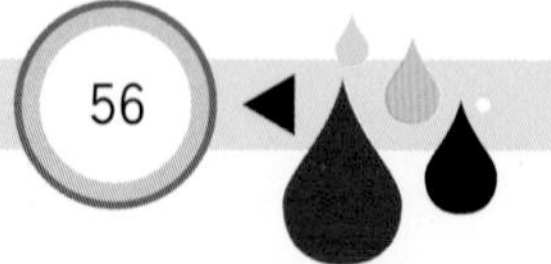

3.5.7 制作花坛和植物

本实例主要学习利用滤镜菜单下的杂色命令制作花坛效果，具体步骤如下。

步骤 1 运行 Photoshop 软件，使用 Ctrl＋O 快捷键，打开名称为【制作花坛】的 PSD 图形文件。

步骤 2 选中魔棒工具，选择弧形花坛区域。

步骤 3 设置前景色为橘黄色，新建图层，填充前景色。

步骤 4 选择【滤镜】/【杂色】/【添加杂色】命令，设置【添加杂色】参数，为花坛添加杂色效果。

步骤 5 使用相同的方法为花坛添加杂色。

步骤 6 使用同样的方法制作其他地方的花坛，其效果如图 3-46 所示。

步骤 7 使用 Ctrl＋O 快捷键，打开配套光盘提供的植物素材。添加植物素材到效果图中，如图3-47所示。

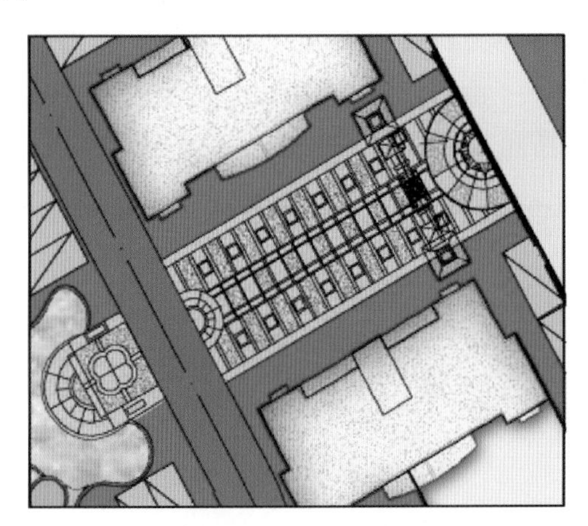

图 3-46 花坛效果

图 3-47 添加植物配景效果

步骤 8 选择植物对应的图层，双击图层，在弹出的【图层样式】对话框中选中【投影】复选框，设置投影参数，其效果如图 3-48 和图 3-49 所示。

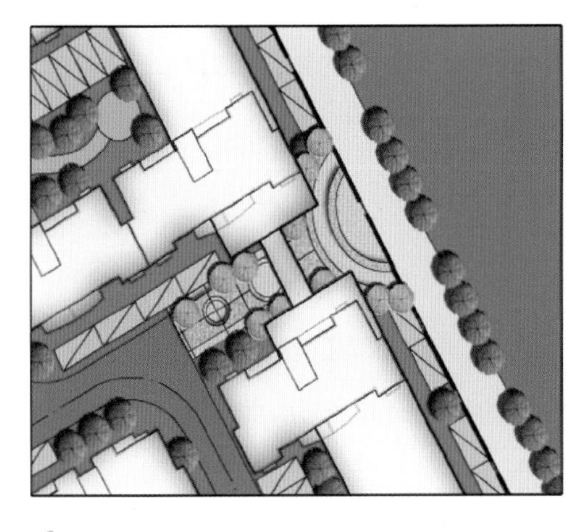

图 3-48 设置了投影的花坛效果

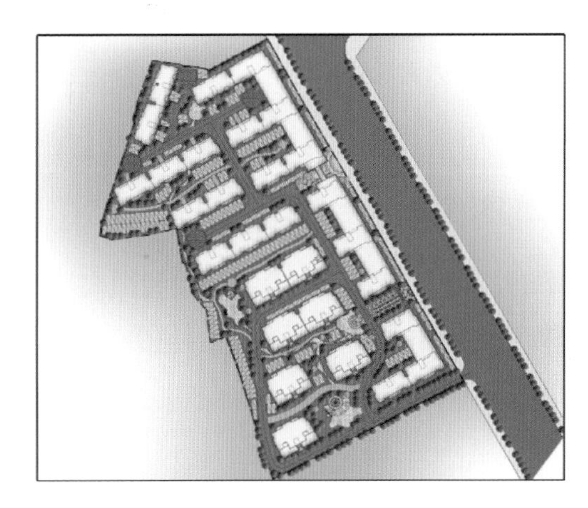

图 3-49 设置了投影的植物配景效果

3.5.8 制作建筑投影

图 3-50 创建建筑选区

本实例主要学习利用多边形套索工具制作建筑的投影效果，具体步骤如下。

步骤 1 运行 Photoshop 软件，使用 Ctrl＋O 快捷键，打开名称为【彩平图】的 PSD 图像文件。

步骤 2 选择建筑图层，复制图层，并将该图层填充为黑色，如图 3-50 所示。

步骤 3 使用 Ctrl＋Alt＋方向键（上方↑、左方←轮流按动），向左上方连续复制多个图层，再合并复制的图层，并将图层命名为【建筑阴影】。

步骤 4 设置图层的【不透明度】为 70％，此处可以根据图面颜色效果调整阴影的不透明度，如图 3-51 所示。

步骤 5 调整图层顺序，将阴影图层置于植物图层之上，如图 3-52 所示。

图 3-51 为建筑添加投影

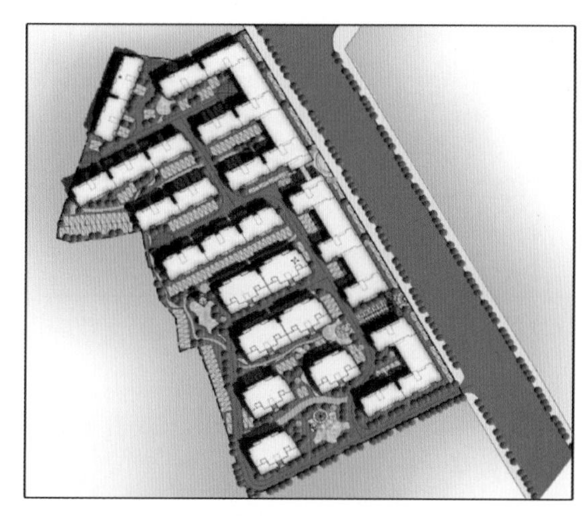

图 3-52 阴影添加完成后效果

3.5.9 最终调整

本实例主要是学习效果图的最后调整和细化，具体步骤如下。

步骤 1 运行 Photoshop 软件，使用 Ctrl＋O 快捷键，打开名称为【最终调整】的 PSD 图形文件。

步骤 2 观察图片，小区内部的景观步道和水体周围的铺地还应细分，而这里未进行处理，需要继续调整。

步骤 3 使用 Ctrl＋Shift＋N 快捷键，新建一个图层，选中魔棒工具，选取选区，填充任意颜色。

步骤 4 选择【图层】/【图层样式】/【图案叠加】命令，设置相应参数，单击【确定】按钮，其效果如图

3-53 所示。

步骤 5 使用类似的方法补充其他地方的铺地效果。显示【文字】图层，如图 3-54 所示。

图 3-53 通过图层样式设置铺地

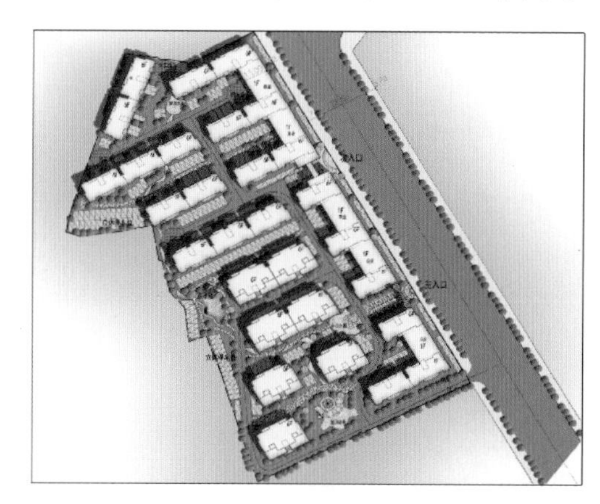

图 3-54 添加文字图层

步骤 6 观察图像，建筑区域的黑色外框不是很醒目，需要调整。调整的方法有两种：一种是选择需要调整的外框，填充红色；另一种是从 AutoCAD 中再次打印输出红色外框对应的 EPS 文件。

步骤 7 把红色外框合并到效果图中，放到合适位置。

步骤 8 由于红色外框和原有的黑色外框有所差异，为了使红色外框充分覆盖黑色边框，可以为红色边框添加合适的图层样式。选择红色边框所在图层，双击该图层，弹出【图层样式】对话框，选中【描边】复选框，设置参数像素为 3。

步骤 9 单击【确定】按钮，其效果如图 3-55 所示。

步骤 10 选择外围草地和路面所在图层，分别调整亮度参数，使场景的对比度更加强烈，本实例制作的最终效果如图 3-56 所示。

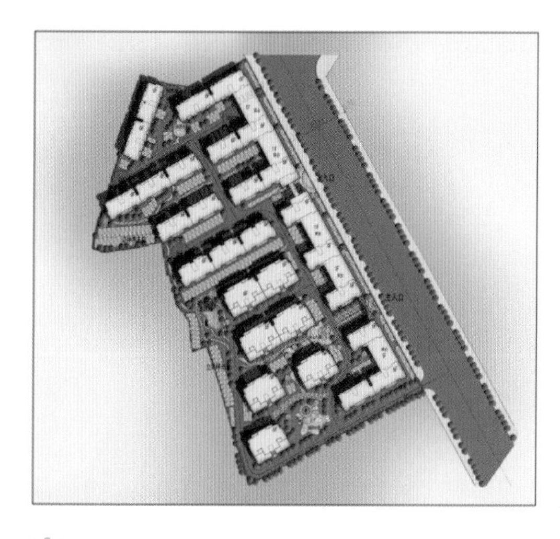

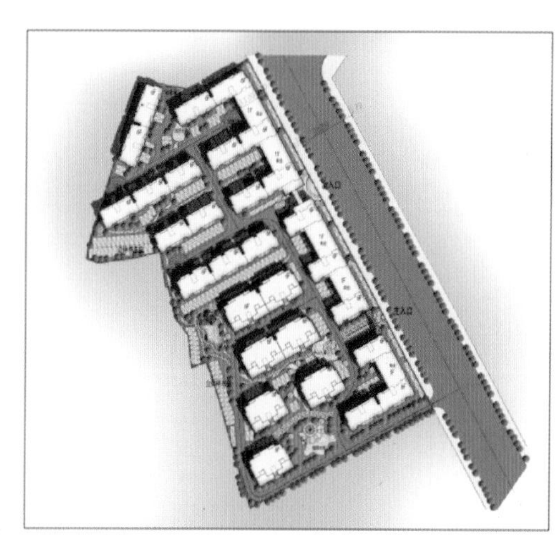

图 3-55 调整建筑区域的外框后的效果

图 3-56 彩色平面图的最终效果

3.5.10 小结

本节通过大型区域规划实例，讲解使用 Photoshop 软件制作彩色总平面图的方法、流程和相关技巧。本节制作的是一个大型城区规划彩色总平面图。绘制彩色总平面图主要分为三个阶段，包括 AutoCAD 输出平面图、各种模块的制作和后期合成处理等。在 Photoshop 软件中对平面图进行着色时，应掌握一定的前后次序关系，从而最大限度地提高工作效率。

课后练习

请各位同学结合本节所学习到的知识，完成图 3-57 所示的彩色平面效果图制作。

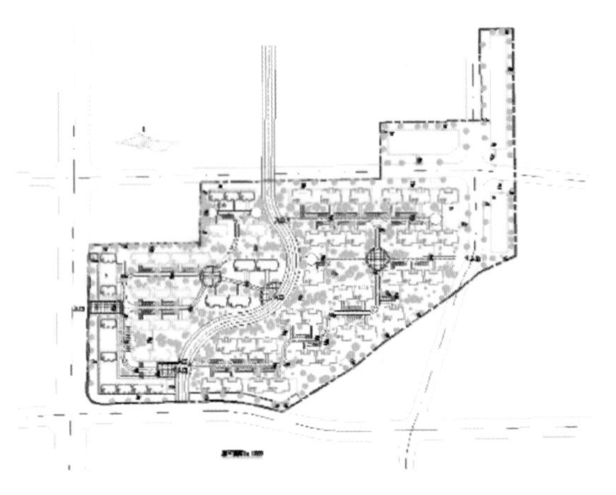

图 3-57　实例训练——彩色平面效果图参考

第4章

立面效果图制作

LIMIAN XIAOGUOTU ZHIZUO

随着建筑表现技术的发展，对立面图的要求也越来越高，真实的材质和平面单元模块被应用到表现图中，使立面图的展示效果越来越真实、直观。

4.1 Photoshop 立面效果图制作流程概述

建筑立面效果图制作流程中的初期创作步骤与平面效果图类似，具体如下。

- 整理 CAD 图样内的线。除了最终文件中需要的线，其他的线和图形都要删除。
- 使用已经定义的绘图仪类型，将 CAD 图纸保存为 EPS 文件。
- 在 Photoshop 软件中导入 EPS 文件。
- 在 Photoshop 软件中制作户型平面图。

4.2 建筑立面图制作

4.2.1 渐变法制作天空背景

本实例主要学习利用渐变的方法制作立面图的天空背景，具体步骤如下。

步骤 1 运行 Photoshop 软件，使用 Ctrl+O 快捷键，打开素材文件【立面图初始】的 PSD 文件，如图 4-1 所示。

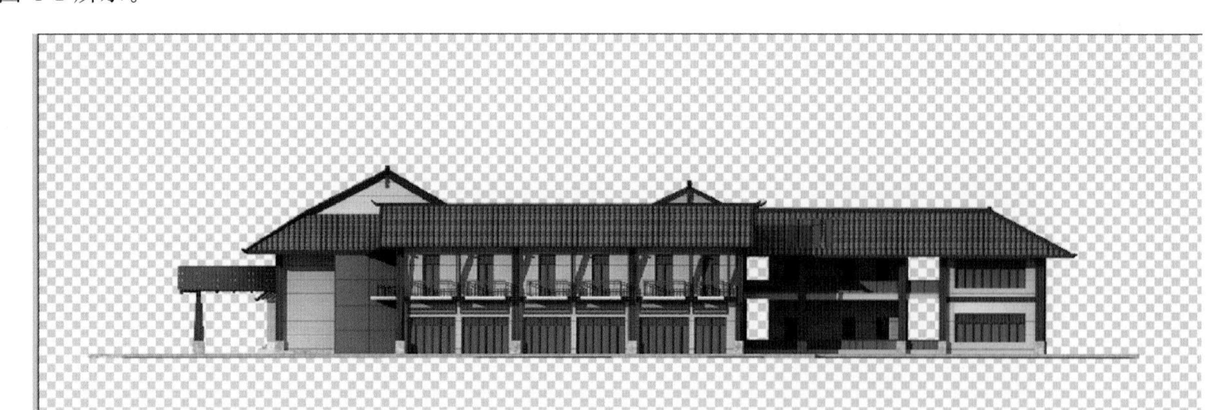

图 4-1 打开【立面图初始】文件

步骤 2 使用 Ctrl+Shift+N 快捷键，新建一个图层，命名为【天空】。将前景色设置为较深的蓝色，色值设置为 R160，G188，B219。

步骤 3 将背景色设置为浅蓝色，色值设置为 R219，G230，B241。

步骤 4 选择矩形选框工具，在建筑上方到地平线的位置建立一个矩形选区，选择渐变工具，在工具选项栏中选择由蓝色到浅蓝色的线性渐变模式，在选区中，从上往下拉伸一个渐变，如图 4-2 所示。使用 Ctrl＋D 快捷键，取消选择，这样天空背景就制作完成了。

图 4-2 完成天空背景的制作

4.2.2 使用杂色命令制作有质感的马路

本实例主要学习利用渐变工具、添加杂色命令制作立面图的马路效果，具体步骤如下。

步骤 1 使用 Ctrl＋Shift＋N 快捷键，新建一个图层，命名为【马路】。将前景色设置为接近黑色的颜色，将背景色设置为较浅的灰色。

步骤 2 选择矩形选框工具，在建筑的底墙线的下方建立一个矩形选区，选择渐变工具，按 Shift 键在选区内拉伸一个线性渐变。

步骤 3 使用 Ctrl＋D 快捷键，取消选区。选择【滤镜】/【杂色】/【添加杂色】命令，弹出【添加杂色】对话框，设置相应参数。马路制作完成后的效果如图 4-3 所示。

图 4-3 马路制作完成的效果

4.3 建筑立面图效果的制作

4.3.1 添加树木素材

本实例主要学习利用色彩范围命令抠取树木素材，并将树木素材添加至效果图中，具体步骤如下。

步骤 1 使用 Ctrl＋O 快捷键，打开素材【配景树】的 JPEG 文件。

步骤 2 选择【选择】/【色彩范围】命令，单击白色背景部分，进行颜色容差参数设置，选择区域以红色的蒙版形式进行显示，如图 4-4 所示。单击【确定】按钮，将白色背景部分载入选区，使用 Ctrl＋Shift＋I 组合键反选选区。

步骤 3 使用 Ctrl＋J 快捷键，复制选区内的图像，即可去掉配景树的白色背景部分，其图层关系及显示效果图 4-5 所示。

图 4-4 用蒙版形式进行显示

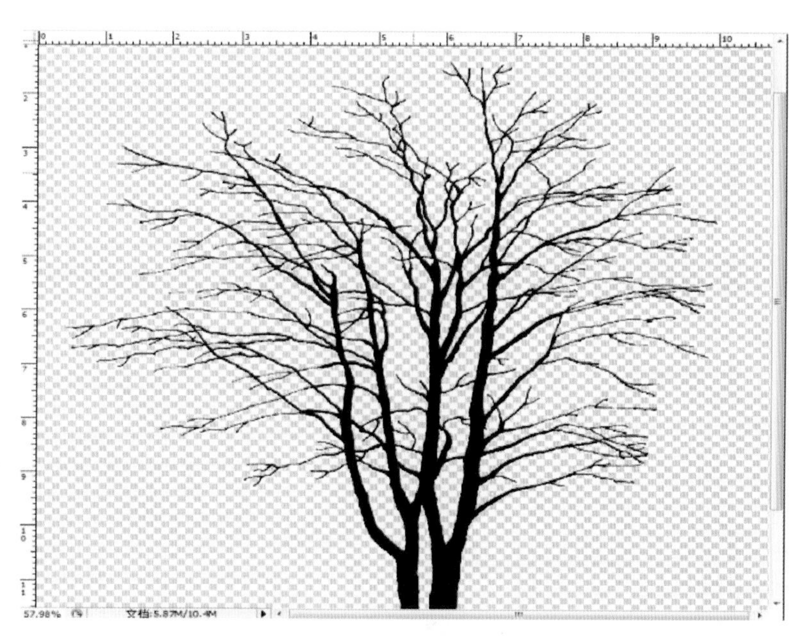

图 4-5 将配景树选出

步骤 4 选择移动工具，将素材移动到当前效果图操作窗口。使用 Ctrl＋T 快捷键，进入自由变换状态，调整树木的大小，然后移动到合适的位置，如图 4-6 所示。

步骤 5 将配景树图层进行合并，将图层重命名为【配景树】，将图层【不透明度】修改为 70%。

步骤 6 使用 Ctrl＋O 快捷键，继续打开树木素材【配景树-2】的 PSD 文件。将树木素材移动复制到当前效果图操作窗口，调整大小和位置，方法同前面配景树的添加方法。树木添加效果如图 4-7 所示。

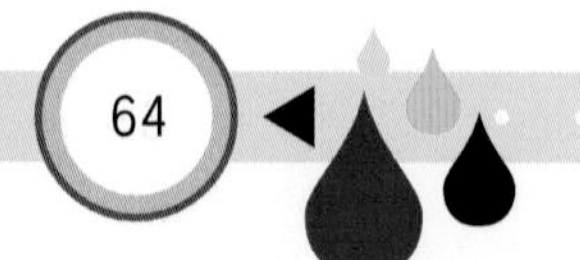

图 4-6　将树木素材添加到当前效果图中

图 4-7　树木添加效果

4.3.2 添加人物素材

本实例主要学习利用曲线调整命令制作黑白人物图像，具体步骤如下。

步骤 1　使用 Ctrl+O 快捷键，打开人物素材，选择【图像】/【调整色相/饱和度】命令，调整明度为+100。

步骤 2　选择移动工具，将人物移动复制到当前效果图的操作窗口。使用 Ctrl+T 快捷键，进入自由变换状态，调整人物的大小比例，使之与效果图的比例相协调。

步骤 3　使用 Ctrl+M 快捷键，打开【曲线调整】对话框，调整控制曲线。

步骤 4　单击【确定】按钮，得到黑白效果的人物，如图 4-8 所示。

图 4-8　添加人物效果

4.3.3 添加其余配景

本实例主要学习利用素材完善画面效果，营造画面的意境，具体步骤如下。

步骤 1　使用 Ctrl+O 快捷键，继续打开【毛笔字】的 JPEG 文件。

步骤 2　选择移动工具，将素材移动到当前效果图的操作窗口。

步骤 3　选中魔棒工具，设置容差为 20，去除毛笔字素材中的白色底板，为图层添加【描边】效果，加强毛笔字效果。

步骤 4　添加云雾及月亮，其最终效果如图 4-9 所示。

图 4-9　建筑立面效果图

本章小结

建筑立面效果图是建筑表现常用的手段之一，本章介绍的是后期处理中建筑立面图的处理，主要侧重于配景的添加以及风格的确定。

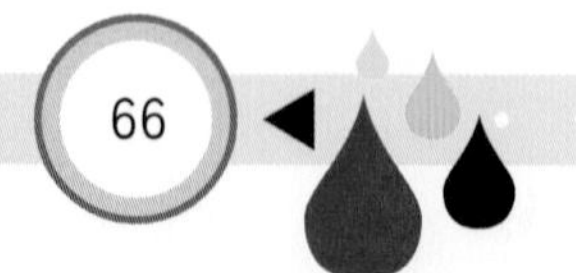

课堂练习

请各位同学结合本章所学习到的知识，完成图 4-10 所示的建筑立面效果图的制作。

图 4-10 实例训练——建筑立面效果图参考

第5章

建筑效果图表现方法与技巧

JIANZHU XIAOGUOTU BIAOXIAN FANGFA YU JIQIAO

5.1 效果图后期制作的注意要点

在建筑效果图中，除了对主体建筑的表现外，还需要在画面中加入其他元素来烘托画面中的主体建筑，所用到的其他元素称为配景。配景一般包括天空、云彩、人、车、树、绿化、建筑小品或辅助建筑等，除了烘托主体建筑外，它常常还能够起到提供尺度参考、活跃画面、均衡构图以及增加画面真实感等作用。

为了保持画面中环境的真实性，配景绝不能粗制滥造，另外为了烘托主体建筑，配景素材更不能喧宾夺主。也就是说配景素材的表达和刻画既要精细、认真，也需要有所节制，特别是需要考虑配景与主体建筑的统一。

在使用配景素材时，虽然要做到风格统一，但是也要注意不能只是简单地复制配景素材，这样做虽然省事，但画面效果难免会生硬，影响建筑设计构思的表达和画面整体效果。由此可见，每幅建筑效果图中的配景应用心揣摩、推敲，以确保整体画面的和谐。

5.2 建筑效果图表现方法与技巧

5.2.1 天空

我们常用的天空图像素材，除了自己拍摄的一些天空图像之外，还会使用其他来源的天空的图像，但有些图像作品中天空和云彩的变化非常丰富，是被突出表现的主体，如图 5-1 所示。而在建筑渲染图的表现中，建筑是被表现的主体，天空和云彩只起着烘托的作用，不能喧宾夺主，如果不对这些天空的图像进行必要的处理的话，将会影响对主体的表现和画面的谐调性。

图 5-1　天空照片中云彩过于丰富

5.2.2 主体建筑

计算机直接渲染计算出来的主体建筑，效果过于生硬，尤其是各个面之间的层次关系和色彩变化都比较平均（这是对一般的渲染计算而言）。这样的渲染图，一般无法满足建筑师对建筑的充分表达的要求，即使在渲染计算中能够通过使用光的变化来表达各个面之间的冷暖对比，通过距离来雾化对象，表现虚实对比，但不经过后期处理的建筑主体总是给人缺少生机的感觉，难以表达建筑的神韵，因此使用 Photoshop 软件对主体建筑进行后期处理尤为重要。

1. 主体建筑上下退晕的关系

有些建筑效果图中的主体建筑较高，上部和下部到视点的距离不等，在受到光照时，光源通过建筑物的墙面反射到视点的光线由于角度不同其表现出来的亮度也不同，因此建筑物的墙面应有深浅变化的表现，如图 5-2 所示。尽管有时在渲染计算后也有一些变化，但常常表现得不能让人满意，为了更好地表现对象，应当人为地加工强化这一部分的对比关系。至于是上部亮还是下部亮，则应根据具体情况具体分析，具体如下。

图 5-2 太阳的位置与建筑的光影关系

（1）太阳位置较高时（即上午至下午这段时间），建筑的上部比下部亮。

（2）太阳位置较低时（即早晨和傍晚的时间），建筑的下部比上部亮。

（3）视点位置距离建筑较远时，建筑的上部比下部亮。

（4）视点位置距离建筑较近时，建筑的下部比上部亮。

除了以上所述的几种情况，还应根据对象所在的环境和要求来灵活处理，不能死板地套用规则，关键是要看能否更好地、正确地表达对象。

2. 强调明暗对比关系

渲染计算完成后的图像，相邻面之间明暗对比较平淡，明暗交接线在这里并没有强调出来，为了更好地表现对象的立体感，特别是主要立面之间的对比及大面积之间的对比，更应重点强调这部分的转折关系。尤其是要强化主要正立面和主要侧立面明暗对比的交接处，在较暗的一侧应稍稍加重一些，在较亮的这一侧要稍稍提亮一些，使这两个在渲染图中最主要的界面有明显的区分。对比是否明显，影响着主体建筑在画面中能否被突出表现，同时也影响着整体画面的对比关系，因此在处理这一部分时应认真对待，如图 5-3 所示。

3. 反光的处理

目前大多数渲染软件的渲染计算是不计算周围环境光对主体建筑的影响的。这样会造成暗部的表现较为平面、呆板，没有反射，暗部缺少层次，画面不够生动，不过这些问题可以通过后期处理来得到改善。我们知道天空对建筑整体的暗部有反射光，建筑物相邻或相近的各个面之间、物体与物体之间都有相互反射的光，这些相互反射的光受到的影响因素很多，它们的强度也不相等，我们不需要逐一分析，而只需要重点表现主要立面的反射情况，其余的反射光只需稍加处理即可，如图 5-4 所示。

图 5-3　明暗对比

图 5-4　反射光的处理

4. 主次的区分

这里所说的主次区分是指建筑物与建筑物之间、面与面之间的关系一定要有主有次。

5. 裙房的处理

裙房的处理不能过分强调，特别是对橱窗的渲染，一定要高度地概括，不应拘泥于细节，不应画得灯火通明，而破坏了画面的整体感。对这一部分的处理，可以采用以下几种方法。

1）贴图的方法

对商业建筑的裙房进行处理时，可以先选择一张与橱窗内容相近的图案，然后将这张贴图直接贴在橱窗上，这是最简单的一种方法。但玻璃的特性是既有透射性也有反射性，透射所表现的是内景的内容，而反射则表现的是外景的内容。必要时可进行二次贴图，将街景贴在橱窗里，给人以真实的玻璃感觉，但要注意在第二次贴图时，不能完全覆盖第一次贴图的内容，而应采用半透明式的贴图，将两次贴图的内容有层次地表现出来。

2）绘画的方法

对于有一定绘画基础的人来说，这种方法并不困难，只是如何选取各个参数和运用鼠标的问题。因为只是在橱窗的玻璃部分上来绘画，所以先用工具箱中的各种选择工具（如矩形选择工具、绳索工具、魔术棒工具等，并适当地设置操作参数）选择橱窗的玻璃部分，这里可以运用建筑绘画中的各种技巧，然后在玻璃窗区域的内部画出结构变化、色彩变化和明暗对比的变化等，同样也能生动地表现橱窗的效果。

3）贴图与绘画相结合的方法

这种方法使用得较多，它将计算机贴图与绘画方式结合在一起。在处理这部分内容时，应充分发挥这两种手段的特点。例如，用贴图来完成大的色彩关系，贴图完毕后，如果有一些层次还不能够拉开，也即玻璃内景的纵深感表现得还不够，以及内景的结构的表现缺少一些变化等，这时可用绘画来完成这些工作。这一切都是在弱变化中进行，应根据已贴图的色彩变化来绘画，注意运用粗细、深浅不等的线条来表示内景的结构、家具，在不同楼层的上部位置，可画一些亮色的短线来表示室内的灯管，画一些亮点表示灯的点光源，以增加内景的气氛。

5.2.3 地面的处理

有些效果图需要对整个画面进行高调处理，画面的整体明度就要提高，由于天空的明度已经较高，因而地面的明度也应相应地提高。为了突出主体，可将地面简化为浅灰白的平面单色，不进行任何退晕处理，就像充足的阳光照在水泥地面上的效果，然后运用马路、绿地等要素将地面进行分割，丰富地面的层次感，人物贴图同样也能对地面起到分割的作用。这三种分割方式分别采用了点（人物）、线（马路）、面（草地）的要素来对地面进行处理，这样既使地面不会显得空洞单调，又使这块区域有了一定变化，同时也强化了对主体的表现。

5.2.4 背景的处理

背景的处理最主要的是强调整体效果，其处理应简洁、概括，不应在这一部分上过多地精雕细琢，更不能把主要的精力放在这一部分的处理上。背景的作用是为了更好地衬托主体，不论在图面的面积上还是在位置上以及在色彩上，都不能突出地表现，其结构也不能过于复杂。否则，次要的东西分散了人们对主体的视觉注意力，从而影响了对主体建筑的表现。远景的植物或建筑，都要概括地来处理，将它们统一在同一个基调之中，只讲究大的层次关系，而不需要个体的突出表现，同时还应注意它们之间的虚实关系和空间位置感。背景包括背景建筑和背景树两个部分。

1. 背景建筑

对于一些较远的背景建筑，其与主体建筑间隔较远，在画面的表现上，应使背景建筑的图像色彩偏灰、偏冷，对比度减弱，清晰度下降。

应注意背景建筑与主体的关系，特别是虚与实的对比关系。不要把背景都处理在同一个平面上，而应使背景与背景之间有间隔、有层次，突出这种层次关系，这样画面的纵向深度就延伸了。同时，不应过于刻意地表现这种层次关系，有时只是淡淡的一小块地方，也足以表现出这种层次关系，但千万不要忽视这样的表现。背景建筑一般在树的后面，其色彩纯度应较低，对比也较弱，色彩上稍稍趋向于天空的颜色，对于更远的建筑，这种趋向更为明显，有些时候可以表现得其几乎融入天空的颜色之中，其距离越远，对比也越弱，这种虚实对比的关系，形成了画面的空间感。

2. 背景树

主体建筑的两边是一些树，它们与主体建筑的距离并不远，在处理时应简洁、概括，将树一片片地来处理，而不是一棵棵地来处理，应给人以整体的感觉。主体建筑两边的树，无论从色彩上还是从形式上都应能清晰地衬托出主体建筑的外轮廓，如果没有两边的树木，而直接用背景建筑来衬托主体建筑，则对比的效果会大大减弱。同理,对主体建筑的表现也会减弱。因此,主体建筑的两边配上植物是能够增强主体的表现效果的,但也不能将此方法生搬硬套来处理所有的渲染图,应根据具体情况来具体分析、具体对待。

5.2.5 中景的处理

中景的处理与远景不同,它的位置在主体建筑的附近,除了能够对主体建筑起到衬托的作用外,它还有其他的一些作用,具体如下。

1. 点缀

为了使画面在形式上和色彩上更加丰富,在画面上可增加一些人、车、树或其他小品,这样不但能够活跃画面,增强画面的气氛,同时可以根据视觉原理,增强色彩的搭配,丰富画面的色彩表现,但应注意不要使它们的色彩在画面的表现上有跳跃感,以免破坏画面的和谐与统一。

2. 分割

对于那些面积较大的面和长度较长的线,需要进行一些适当的分割以减少表现上的单调。对于色彩纯度较高的面,若要降低其在视觉上的感受,同样也需要进行分割处理。分割的方式多种多样,既可以用元素自身的形状来作为分割的图案,如一些渲染图中用树或路灯来分割天空,也可用元素的投影来作为分割的图案,如用树的投影来分割地面。

3. 强化

对于一张渲染图来说,应当有一个视觉中心,在绘制的过程中应注意表现这个中心,尤其是在中、近景的处理过程中,要围绕着这个视觉中心来安排,引导人的注意力向视觉中心集中,以突出重点。例如,以人的流动方向为例,建筑的主入口是人流的主要方向,若在安排人流的方向时考虑到这个问题,则将强化视觉对建筑主入口的注意力。相反,如果在马路的车行道上也随意安排人的行走,不仅会给画面的秩序造成混乱,同时也会破坏马路的方向性。因此,对于贴图元素的趋向性处理是很重要的,它可以强化对主要对象的表现效果。

4. 弱化

有强化就会有弱化,对于一些不需要重点表现的地方应当进行弱化处理,如果画面中都进行强化处理,那么画面就没有重点、没有主题,会产生视觉上的疲劳。画面中弱化表现的地方,大都是画面的非重点表现区域,如画面的周边,因此,这里的贴图处理应主要考虑如何降低对视觉产生的影响力。另外,对于一些对比强烈的部分,需要弱化处理时也可以用贴图来遮挡,以弱化对比。例如,对于一些转角的地方,或者建筑与地面交接的地方,远景与地面的交接处,画面的边界等,可以用一些植物等来遮挡一下,以减弱对比关系。

5.2.6 各层中车、人等元素的处理

1. 对车的处理

汽车的色彩应当有一些变化,但色彩的纯度不能太高,因为它也是画面中的配景,应当统一在地面的这个大环境中,如果色彩太鲜艳,就会感觉这个部分从地面凸现出来,与画面不协调。马路上汽车位置的安排,是对长长的深色马路的一种节奏上的分割,也是对画面的点缀处理。汽车本身是运动的物体,它给画面带来了动感,金属和玻璃的材质也给画面带来了一种质感上的对比,丰富了画面的内容和形式,如图 5-5 所示。图 5-5 中汽车所占的面积相对较小,色彩的变化会使画面点缀得更加漂亮,而不会使画面感到杂乱。如果车的位置离视点很近,车所占画面的面积也比较大,那么选择车辆颜色的时候就更应注意不能太鲜艳了。

图 5-5　效果图中车的处理

2. 对人的处理

人物出现在渲染图中是非常重要的，能使画面更具有亲切感。由于建筑和环境都是为人服务的，人和建筑以及环境的关系自然也是最亲近的，画面中人和建筑的对比是一种最直接的对比，这不仅仅是一种尺度上的对比，更主要的是一种心理上的对比，一种感情上的对比。一幅好的作品，常常给人以身临其境的感觉。如果渲染图能多一些人情味，将更有利于表达主题，并且更有利于吸引人们的注意力从而打动他们。

人物在画面中对视觉的影响很大，但不应毫无目的地在画面中放置人物的贴图，应根据画面中内容的需要来放置人像的贴图。在放置人物贴图时，应注意以下几个问题。

(1) 人在画面中的位置应当有一定的安排和组织，在空间上应有纵深感，有近、中、远距离之分，通过人与人之间的这种相互位置关系的表达，能间接地确定主体建筑在画面中的纵深位置。

(2) 注意画面中主要人群的流动方向，他们应当与主体建筑物的方向有关，与主入口的方向有关。人群的流动方向应能够强调主体建筑的结构造型，大部分人流可沿着主体建筑的主入口的伸展和发散的方向来分布，当然不必使每一个人的趋向都与主体建筑的方向一致，可以使小部分人流趋向自由安放，这样的画面才会活泼一些。

(3) 人物的安排应成组，相互之间应有联系。在一组人物之中，人与人之间应当有一种潜在的联系或呼应。在一组人与另一组人之间也应当有相应的联系。当然，人与建筑物之间也应当有一定的联系，这不仅仅是指色彩上的联系，还应当有内容上的联系。

(4) 人物的群体组合应当疏密有序，给人以层次感，同时也应照顾到画面的均衡，不应使人物都集中在画面的一侧。

(5) 在选择人物的贴图时，应认真选取，尤其是在表现较多人物的场景时，应注意将所有的人物色调统一在画面整体的基调下，否则，会使其中有些人物看起来不像是画面环境中的人物，与画面不谐调，这也是初学者最容易犯的错误。

(6) 选择人物时，一般不要选择太过突出的人物造型，如时装模特造型的人物等。如果将其放在画面中，其与环境不能够很好地协调一致，反而很可能会破坏画面的统一性。特别是正面面对镜头的近景处，不适宜放置较大的人像，因为在视觉上，人们第一眼注意到的往往是人物而不是建筑物，这就违背了设计的本意。

（7）注意人物的服装所对应的季节，如果画面中是绿树、草地，人物的服装也应是相应季节的服装。不能在一个画面中，既出现夏季服装，又出现冬季服装。服装与画面所表现的主题也有关系，如不能在公共场所中放置穿泳装的人像贴图，儿童游乐场所中应少放置一些成人的图像等。

（8）人物的受光应与整体环境的受光一致，在贴图时不应忽略这个因素，注意人物贴图的受光方向，不应出现矛盾的画面，有的贴图可以通过镜像命令来调整人物的受光方向。

（9）当人物前后重叠时，应将后面的人像处理得虚一些，以拉开前后的距离，不要将它们处理成相同的清晰度。

在图 5-6 中的人物贴图中，画面右边人群主要趋向于画面的主体建筑中心，即向左的方向；画面左边人群也趋向于画面的主体建筑中心，即向右的方向。由于人物的比例相对于建筑来说较小，人的服装色彩纯度可以稍高一些，用于点缀画面。由于浅色地面比较单调，人物贴图可以使平淡的地面多一些变化，但是应注意合理分配人物的位置，注意前后和疏密的关系，不要将人物堆集在一起，应有聚有散，并有纵深感。

图 5-6　近景中人物和树木等配景的放置

5.2.7 近景树木

为了保持画面的平衡感，会在画面的近景处放置树木，如图 5-6 所示。

5.2.8 其他

最后，还要对一些贴图元素画上阴影，从而让这些元素放置于地面上时有真实感，否则这些元素在空间中无法定位。另外，在画面中的适当的位置可以放置飞鸟，以增加画面的生气。然后再看看画面中还有哪些部分需要调整，画面整体的明暗和色彩的对比是否合适，不过在最后阶段一般不要对画面进行大面积的调整，以免破坏画面的整体协调。

5.2.9 文件整理——图层的合并和删除

为了减小文件占用的磁盘空间，方便保存和输出打印，可将文件中的各个图层合并为一个图层，将增加的选择项也删除掉。但是在进行这项工作之前，建议保留一个备份文件，其文件的格式为“*.PSD”。下面介绍合并层(layer)和删除通道(channel)的具体操作过程。

(1) 点击【层】操作对话框中标题右侧的向右的箭头，在弹出的菜单中选择【合并图层】操作，即可将画面中的层全部合并在一个层上。

(2) 点击【层】操作对话框中标题栏中的通道面板，这时，对话框转换成对【通道】的操作，在通道相应的栏中，按住鼠标的左键，将该栏拖入对话框右下方的垃圾箱中，即可删除该通道。对于其他的通道，也可以使用相同的方法操作，只是千万不要删除前 3 项或前 4 项通道，即 RGB 通道或 CMYK 通道。

(3) 完成了层的压缩和通道的删除后，文件所占的磁盘空间大幅减少。为了使画面的表现更加活泼，以及使画面的表现场景更加宽阔，可适当改变画面的构图形式，将画面的四周向外拓展，其颜色与地面的颜色相同，为浅灰白色，画面中的部分内容也延伸到画外，使画面的空间内容也随之拓展。

(4) 完成了上述各项操作之后，再对图像文件进行保存，选择【文件】/【另存为】命令，弹出【保存】对话框，其中有多种格式可以选择，如果想保证图像质量没有变化，常用的保存格式为“*.TIF”“*.PCX”“*.TGA”等；如果想使用较小的磁盘空间来存储图像文件，可以用“*.JPG”的格式来保存，只是这种格式会降低图像质量，不过对渲染图来说是微不足道的，因此，这种格式还是很受大家欢迎的。

5.3 实例演示——别墅效果图制作

本节将介绍私人别墅及其周边环境的效果图的制作流程，以及在后期处理中的技巧和方法，如图 5-7 所示为私人别墅效果图处理之前和处理之后的效果对比。

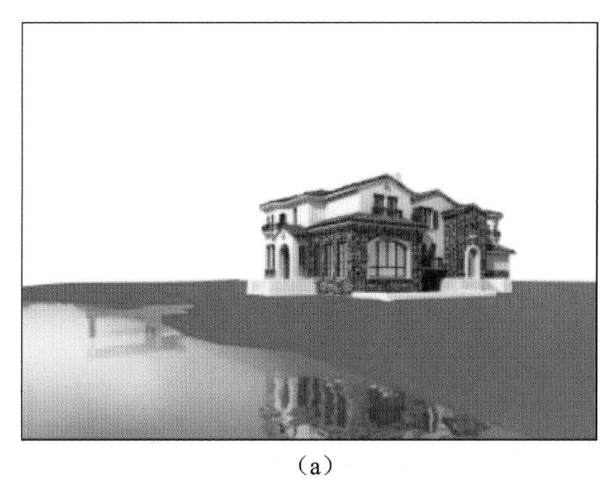

(a)

(b)

图 5-7　私人别墅效果图处理前后效果对比

可以看出，渲染的建筑在处理之前没有周边环境的映衬，看起来并不生动，经过后期处理之后，蓝天碧水，花草成趣，周围又有绿树环绕，环境优雅，引人入胜。下面详细介绍该效果图的制作方法。

5.3.1 大范围铺笔——添加天空、草地、水面

由别墅最终的效果图可以看出，在后期效果图处理中，草地处理十分重要。如何处理好草地在画面中的关系，显得尤为关键。在本实例中，详细介绍了天空、草地、水面的处理手法。

1. 添加草地

在画面中添加草地的具体步骤如下。

步骤 1 运行 Photoshop 软件，使用 Ctrl＋O 快捷键，打开【私人别墅. psd】文件。打开其图层面板，其中包含了三个图层，如图 5-8 所示。

步骤 2 其中【背景】图层被锁定，双击该图层，弹出【新建图层】对话框，这样可以将【背景】图层转化为普通图层，单击图层前面的眼睛按钮，隐藏该图层。

步骤 3 单击【颜色材质通道】图层前面的眼睛按钮，显示该图层。这里简单地将天空、草地、水面以及建筑用不同的色块进行区分，如图 5-9 所示，这也为后期处理提供了依据。

图 5-8 图层示意图

图 5-9 颜色材质通道图层

步骤 4 打开如图 5-10 所示的素材文件，将草地素材一一拖入画面中。

图 5-10 草地素材

步骤 5 使用移动工具，在颜色材质通道图层中将草地放置于合适的位置，如图 5-11 所示。由于草地规划的区域还没有完全覆盖，这里需要通过复制粘贴已有素材的方法继续将没有覆盖的区域进行覆盖。

步骤 6 单击工具箱中的套索工具，选取如图 5-12 所示的草地区域。

图 5-11 放置草地素材

图 5-12 建立选区

步骤 7 使用 Shift＋F6 快捷键，打开【羽化选区】对话框，设置羽化参数为 40 像素，单击【确定】按钮。使用 Ctrl＋J 快捷键，将其复制至新的图层，这样在复制的时候其边缘就不是生硬的线条了。

步骤 8 移动复制的草地至合适的位置，如图 5-13 所示。

步骤 9 将草地合并到一个图层，将其命名为【草地】，然后选择【颜色材质通道】图层，使用魔棒工具选取草地区域，如图 5-14 所示。

图 5-13 复制并移动草地元素

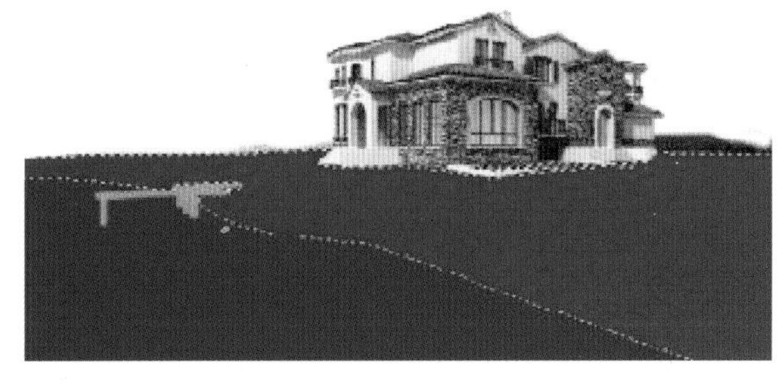

图 5-14 选取草地区域

步骤 10 选择【草地】图层，单击图层面板下方的图层蒙版按钮，隐藏多余的草地，其效果如图5-15所示。

步骤 11 调整草地层次，使用套索工具，建立如图 5-16 所示的选区，将选区进行羽化，羽化半径为 50 像素，然后利用曲线调整草地的明度，其效果如图 5-17 所示。

步骤 12 【草地】素材添加完成，最终效果如图 5-18 所示。

图 5-15　使用蒙版效果

图 5-16　建立选区

图 5-17　调整草地明度

图 5-18　草地最终效果

2. 添加天空

别墅的背景以晴朗的天空为主，天空的颜色以清新、宁静的浅蓝色为主，与别墅周围的环境协调统一，使整个画面看起来工整有序。在画面中添加天空的具体步骤如下。

步骤 1　打开如图 5-19 所示的一张天空素材。

步骤 2　将该天空素材添加至效果图中，使用 Ctrl＋T 快捷键，调用变换命令，将天空素材适当放大，如图 5-20 所示。

图 5-19　天空素材

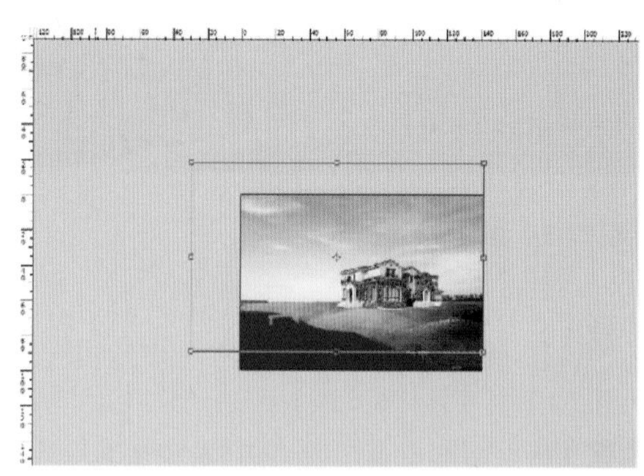

图 5-20　调整天空素材的大小

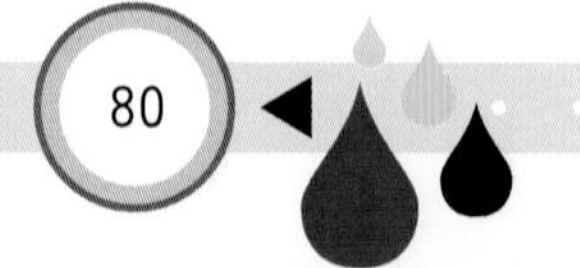

步骤 3 按 Enter 键应用变换，继续对天空的颜色进行调整。

步骤 4 使用 Ctrl＋U 快捷键，打开【色相/饱和度】对话框，在对话框中调整相关参数，如图 5-21 所示，适当地降低天空的饱和度，使其看起来更素雅，其调整效果如图 5-22 所示。

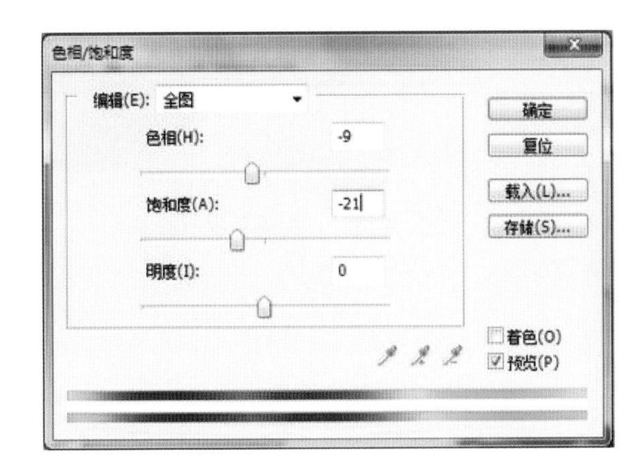

图 5-21 色相/饱和度参数设置

图 5-22 调整天空效果

3. 添加水面

在画面中添加水面的具体步骤如下。

步骤 1 打开一张水面素材，如图 5-23 所示。

步骤 2 将其添加至效果图中，放置于效果图的左下角，重命名图层为【水面】，如图 5-24 所示。

图 5-23 水面素材

图 5-24 添加水面素材

步骤 3 使用 Ctrl＋J 快捷键，复制图层，将其移动至右侧来填充空白的部分，如图 5-25 所示。

步骤 4 打开图层面板，选择【颜色材质通道】图层，使用魔棒工具，选择水面区域，给【水面】图层和【水面副本】图层分别添加图层蒙版，如图 5-26 所示。

为两个水面图层添加图层蒙版之后，发现两个水面相接的地方太明显，接缝生硬，全无美感，如图 5-27 所示，下面来学习如何处理这样的接缝问题。

步骤 5 选择【水面】图层，单击工具箱中的橡皮擦工具，在工具选项栏中设置相关参数，如图 5-28 所示。

图 5-25 复制、移动水面图层

图 5-26 添加图层蒙版水面素材

图 5-27 添加蒙版后的效果

不透明度: 30% 流量: 65% 抹到历史记录 工作区

图 5-28 工具选项栏参数设置

图 5-29 擦除边缘

步骤 6 沿着水面右侧的边缘，一点一点地擦除，主要利用画笔的外边缘进行擦除，这样擦除的效果过渡更自然，如图 5-29 所示。

步骤 7 利用仿制图章工具 对细节部分进行处理，最后效果如图 5-30 所示。

步骤 8 按 Ctrl 键，并单击【水面】图层的蒙版缩略图，将蒙版选区载入。

步骤 9 再选择【图层 0】（即渲染模型图层），使用 Ctrl+J 快捷键，复制模型中的水面至新的图层，调整该图层至【水面】图层的上方，这样模型中的建筑倒影就可以在水面上表现出来了，如图 5-31 所示。

图 5-30 水面最终效果

图 5-31 设置倒影

5.3.2 水岸刻画——添加沿水岸的水石、植被

通过前面的处理，别墅效果图已经初具规模，但是水面和陆地相连接的地方仍然有待处理，可以放置水

石、花草等，将生硬的线条进行遮挡，使之看起来更真实、自然，具体步骤如下。

步骤 1 打开水石素材，如图 5-32 所示，将其添加至画面的右下角。

步骤 2 根据河岸调整水石的角度，使用 Ctrl＋T 快捷键，调用变换命令，在工具选项栏中设置旋转角度为 0.8°，按 Enter 键应用变换，其效果如图 5-33 所示。

图 5-32 水石素材

图 5-33 添加水石素材

步骤 3 添加水边植被，打开如图 5-34 所示的素材，将其添加至如图 5-35 所示的位置。

图 5-34 水边植被素材

图 5-35 添加水边植被素材

步骤 4 打开水草素材，如图 5-36 所示，将其添加至水边植被素材的旁边，以丰富水边层次。

步骤 5 对水草进行选择，将其复制、粘贴至效果图中，使用 Ctrl＋T 快捷键，调用变换命令，按 Ctrl 键，并拖动右下角控制角点向上移动，细微地调整水草的透视关系，如图 5-37 所示。

图 5-36 水草素材

图 5-37 调整水草的透视关系

步骤 6 使用 Ctrl＋J 快捷键，复制水草素材，以备制作水草的倒影。

步骤 7 使用 Ctrl＋T 快捷键，右击画面，在弹出的右键快捷菜单中选择【垂直翻转】命令，将水草的根部对齐放置，按 Enter 键应用变换，如图 5-38 所示。

步骤 8 选择【滤镜】/【模糊】/【动感模糊】命令，设置模糊参数为 12 个像素。

步骤 9 由于倒影产生在水中，所以颜色的饱和度稍低，需要进行调整，使用 Ctrl+U 快捷键，打开【色相/饱和度】对话框，在对话框中调整参数，如图 5-39 所示。

步骤 10 将水草图层和倒影图层合并，放置于画面左侧，隐隐露出一半，复制该水草素材，稍稍移动并缩小，制作出水草在岸边随意生长的自由之态，如图 5-40 所示。

图 5-38　翻转水草素材图片

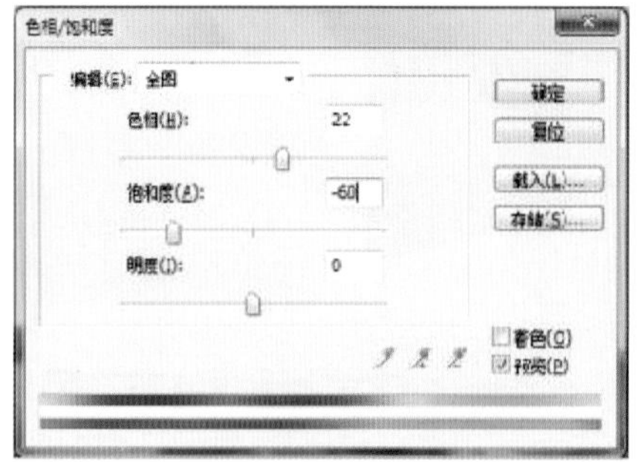

图 5-39　【色相/饱和度】对话框

图 5-40　制作水草效果

步骤 11 制作沿岸草坡，选择如图 5-41 所示的素材文件。

步骤 12 将沿岸草坡素材添加至效果图中，如图 5-42 所示，这样水面和陆地就自然地结合起来了，水岸效果制作完成。

图 5-41　沿岸草坡素材

图 5-42　水岸效果

5.3.3 周边环境刻画——添加植被、花草

下面主要介绍植被和花草添加的过程，植被添加的一般顺序是根据树木的层次来决定的，一般先添加较远处的植被，这样图层顺序比较清楚，树木的遮挡关系也正确。

1. 添加远景

对于每幅效果图来说，远景都是必需的元素，首先应考虑添加树木等植被。一般来说，远景都是取材于现成的素材，如茂盛的树群等，有时候也可以从素材库中去寻找，或者自己抠取合适的包含树群的图片得到。

步骤 1 使用 Ctrl+O 快捷键，打开【树木.PSD】文件，选择如图 5-43 所示的远景素材。

步骤 2 将其添加至效果图中，置于【天空】图层的上方、其余图层的下方，如图 5-44 所示。

图 5-43 远景素材一

图 5-44 添加远景一

步骤 3 添加右边的远景，打开如图 5-45 所示的远景素材二，将其添加至效果图的右侧，如图 5-46 所示。

图 5-45 远景素材二

图 5-46 添加远景二

步骤 4 分别设置远景素材一、远景素材二的不透明度为 80%和 70%，其效果如图 5-47 所示。

步骤 5 打开如图 5-48 所示的树木素材，将其先从背景中抠取出来。

步骤 6 选择【选择】/【色彩范围】命令，在弹出的【色彩范围】对话框中单击白色区域，设置颜色容差为 164 左右，选择白色背景部分，单击【确定】按钮，得到如图 5-49 所示的选区。

图 5-47 远景效果

图 5-48 树木素材一

图 5-49 设置【色彩范围】相关参数后

步骤 7 使用 Ctrl+Shift+I 组合键，反选选区，得到树木素材的选区，使用 Ctrl+J 快捷键将树木素材复制至新的图层，得到树木素材。

步骤 8 使用 Ctrl+A 快捷键全选树木素材，使用 Ctrl+C 快捷键复制图像，然后粘贴至效果图中，调整大小和位置如图 5-50 所示。

步骤 9 按 Enter 键应用变换，设置图层的不透明度为 70%。由于树木的颜色和远景素材二的颜色和亮度差异性较大，看起来不和谐，需要对该树木素材再次进行颜色和明度的调整。

步骤 10 使用 Ctrl+U 快捷键，打开【色相/饱和度】对话框，在对话框中调整相关参数，如图 5-51 所示，调整之后的效果如图 5-52 所示。

图 5-50 添加树木素材

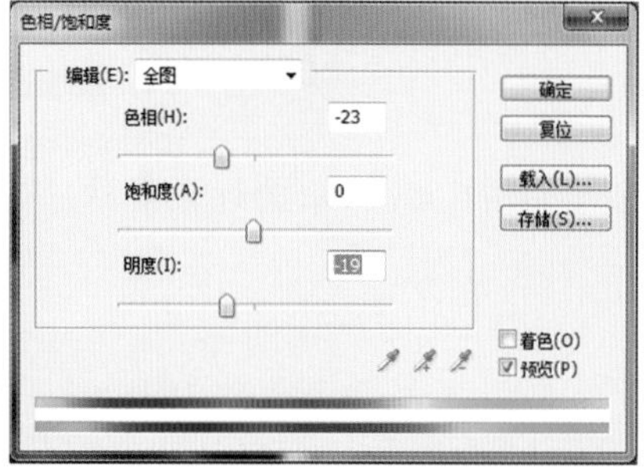

图 5-51 【色相/饱和度】参数设置

图 5-52 调整相关参数后的效果

步骤 11 添加树木素材，选择如图 5-53 所示的树木素材二，添加至如图 5-54 所示的位置。

图 5-53 树木素材二

图 5-54 继续添加树木素材

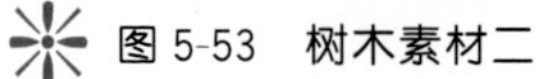

2. 添加中景

在画面中添加中景的具体步骤如下。

步骤 1 使用 Ctrl+O 快捷键，打开【配景.psd】文件，如图 5-55 所示。

步骤 2 将这些配景素材添加至效果图中，放置于如图 5-56 所示的位置，加强田园氛围的表现。

步骤 3 打开【植被.psd】文件素材，如图 5-57 所示。将其中的灌木丛素材添加至建筑左侧，露出一部分，将建筑与草地的结合处进行遮挡，其效果如图 5-58 所示。

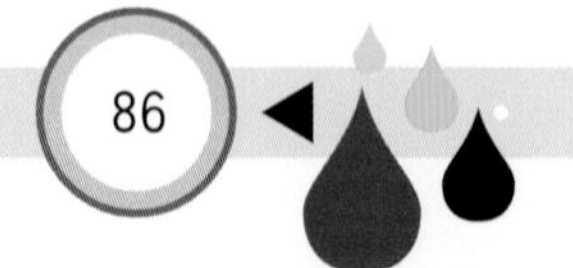

图 5-55　配景素材

图 5-56　添加配景素材

图 5-57　灌木丛素材

图 5-58　添加灌木丛素材

步骤 4　使用同样的方法添加花丛至灌木丛的旁边，使之看起来色彩艳丽，其效果如图 5-59 所示。最后植被添加完成的效果如图 5-60 所示。

图 5-59　添加花丛素材

图 5-60　植被添加完成的效果

3. 添加别墅周边盆景

为了增添生活的情调，很多人习惯在建筑的周围点缀盆景，一来可以美化环境，二来可以借养花、养草来陶冶性情，增添生活的乐趣。在画面中添加盆景的具体步骤如下。

步骤 1 打开盆景素材，如图 5-61 所示。

步骤 2 将盆景分别添加至效果图中，最终效果如图 5-62 所示。

图 5-61　盆景素材

图 5-62　完成盆景素材添加的效果

5.3.4 调整——构图、建筑、光线

完成了效果图的细部刻画，最后对画面中建筑的整体进行调整，在此效果图中，整体调整的内容包含了构图调整、建筑调整和光线调整等内容。

1. 构图调整

构图调整是在大部分素材添加完成之后，针对效果图的空间关系，对效果图进行的调整。使其在空间上加强景深效果，或者牵引人们的视觉至画面中心。构图调整的具体步骤如下。

步骤 1 使用 Ctrl＋O 快捷键打开如图 5-63 所示的挂角树素材。

步骤 2 将其添加至效果图的左上角，作为近景树添加，如图 5-64 所示。

图 5-63　挂角树素材

图 5-64　添加挂角树素材

步骤 3 使用 Ctrl＋M 快捷键打开【曲线】对话框，在对话框中调整控制曲线，如图 5-65 所示。

步骤 4 单击【确定】按钮，将挂角树的颜色调暗，其效果如图 5-66 所示。

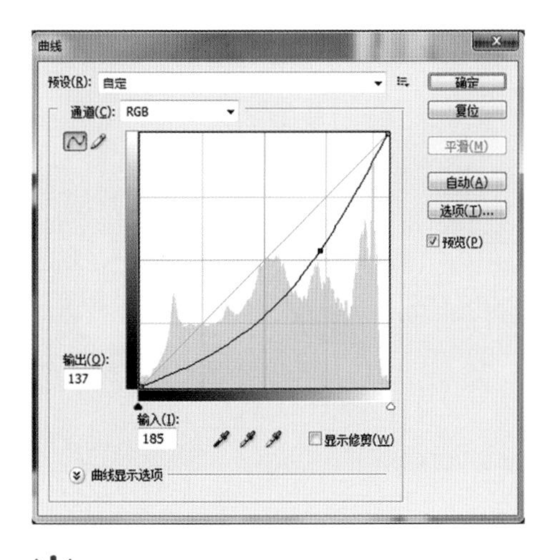

图 5-65 【曲线】对话框

图 5-66 调整挂角树效果

添加挂角树之后，画面的远近层次更明确，画面的重点指向主体建筑，画面的上半部分的突兀感被削弱，整个构图显得有层次。

2. 建筑调整

所有的后期处理工作都是为了表现建筑，在多数情况下，建筑都是需要进行后期调整的，包括材质的调整，窗户反射效果或者透明效果的制作，以及细微的明暗变化调整等，但不是所说的这些方面都需要进行调整，主要应根据建筑的需要来进行调整。

在此例中，窗户的透明效果显然是不真实的，需要对其进行透明效果的制作，表现玻璃的质感，具体步骤如下。

步骤 1 使用 Ctrl＋O 快捷键，打开一张客厅的图片，如图 5-67 所示，用于制作半透明的室内效果。

图 5-67 客厅图片

步骤 2 复制该图片，将其粘贴至效果图中，重命名图层为【窗户】。

步骤 3 打开图层面板，选择【颜色材质通道】图层，单击工具箱中的魔棒工具，在工具选项栏中，不选中【连续】复选框，单击【颜色材质通道】的窗户部分，建立选区，如图 5-68 所示。

步骤 4 选择【窗户】图层，单击图层面板下方的图层蒙版按钮，隐藏窗户以外的客厅图像。

步骤 5 单击图层缩览图和各蒙版之间的链接按钮，取消之间的链接，选择图层缩览图，使用 Ctrl＋T 快捷键，调用变换命令，将图像进行缩放，将其缩小至如图 5-69 所示的大小。

步骤 6 按 Enter 键，应用变换，更改图层的不透明度为 80％，其效果如图 5-70 所示。

步骤 7 使用同样的方法制作其余的窗户效果，最终效果如图 5-71 所示。

图 5-68 窗户选区

图 5-69 调整素材大小

图 5-70 调整图层不透明度后的效果

图 5-71 半透明窗户效果

3. 光线调整

为了突出建筑主体，一般会将建筑周围进行提亮处理，而近景则采用压暗的手法，以削弱其视觉吸引力，从而将视觉重心转向建筑，达到突出建筑的目的。

首先来将近处的景物进行压暗处理，具体操作方法如下。

步骤 1 选择【挂角树】图层，并复制，将其重命名为【树影】。

步骤 2 使用 Ctrl＋T 快捷键，调用变换命令，右击画面，在弹出的右键快捷菜单中选择【垂直翻转】命令。

步骤 3 向下拖动上边框中间的控制柄，向右拖动右侧边框的控制柄，变换图像如图 5-72 所示。

步骤 4 按 Enter 键应用变换。

步骤 5 使用 Ctrl＋M 快捷键，打开【曲线】对话框，将曲线的输出值设置为 0，输入值设置为 255。

步骤 6 选择【滤镜】/【模糊】/【动感模糊】命令，弹出【动感模糊】对话框，在其中进行参数设置，如图 5-73 所示，单击【确定】按钮，其效果如图 5-74 所示。

图 5-72　变换图像

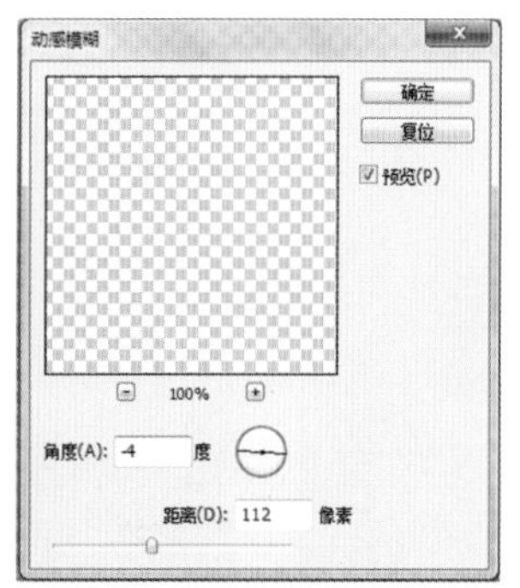

图 5-73　【动感模糊】参数设置

图 5-74　动感模糊效果

步骤 7　更改图层的不透明度为 50%，其效果如图 5-75 所示。

挂角树的倒影在这里就制作完成了，接下来继续制作近处水面的明暗效果，以达到压暗近景的目的。

步骤 8　使用 Ctrl+Shift+N 组合键，新建一个图层。然后使用 Ctrl+Shift+]键，将其置于最顶层。

步骤 9　按 Q 键，进入快速蒙版编辑状态，单击工具箱中的渐变工具，从上往下拉伸一个渐变，建立一个快速蒙版，如图 5-76 所示。

图 5-75　更改图层的不透明度

图 5-76　建立快速蒙版

步骤 10　按 Q 键，退出快速蒙版编辑状态，得到一个选区，如图 5-77 所示。

步骤 11　按 D 键，恢复默认的前景色/背景色状态，为选区填充黑色，如图 5-78 所示。

步骤 12　使用 Ctrl+D 快捷键，取消选择，调整图层的不透明度为 30%，其效果如图 5-79 所示。

将近处进行压暗处理之后，接下来学习提亮画面中心的方法，具体操作如下。

步骤 13　新建一个图层，置于图层面板的最顶层。

步骤 14　设置前景色为浅黄色，其色值参考为 fefee3，单击工具箱下方的快速蒙版按钮，选择渐变工具，拉伸调整出如图 5-80 所示的渐变，这种方式建立快速蒙版的方法与按 Q 键来建立快速蒙版的方法是一样的。

图 5-77　快速蒙版建立的选区

图 5-78　填充黑色

图 5-79　更改图层的不透明度

图 5-80　建立快速蒙版

步骤 15　单击快速蒙版按钮，退出快速蒙版编辑模式，得到如图 5-81 所示的选区。

步骤 16　使用 Alt+Delete 快捷键，快速填充前景色，如图 5-82 所示。

图 5-81　得到快速蒙版选区

图 5-82　填充前景色

步骤 17　设置图层【混合模式】为“叠加”，设置图层的不透明度为 48%，如图 5-83 所示。

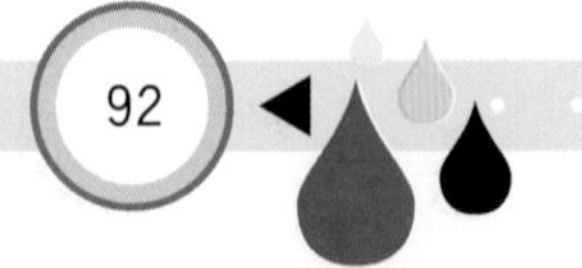

步骤 18 新建图层，设置前景色为橘黄色，其色值参考为＃fcc958，单击工具箱中的渐变工具，拉伸为斜向渐变，如图 5-84 所示。

图 5-83 更改图层属性

图 5-84 拉伸斜向渐变

步骤 19 更改图层的【混合模式】为【线性减淡（添加）】，设置图层的填充值为 10％，其效果如图 5-85所示。

步骤 20 为别墅周围再添加一些植物配景，如图 5-86 所示。

图 5-85 更改图层属性效果

图 5-86 再次调整配景后的效果

步骤 21 新建图层，单击工具箱中的画笔工具，设置画笔参数如图 5-87 所示。

画笔: 300 模式: 正常 不透明度: 100% 流量: 100% 工作区

图 5-87 画笔参数设置

步骤 22 沿着建筑前的植物带，绘制如图 5-88 所示的形状，通过更改图层混合模式来调整植被的亮度。

步骤 23 更改图层的【混合模式】为【线性（添加）】，设置图层的填充值为 9％，其效果如图 5-89 所示。至此，私人别墅效果图全部制作完成。

图 5-88 绘制光带

图 5-89 更改图层属性后的效果

本章小结

本章主要介绍了计算机建筑效果图表现的要点、计算机建筑效果图表现的方法与技巧，并进行效果图表现的实例演示。

在正式进行后期处理之前，首先应检查文件的大小、精度是否适宜。然后对图纸进行整理、规划，使各阶段的编辑处理相互照应，避免顾此失彼或者前后矛盾。人视效果图由远到近一般可以分为三大块：即天空、建筑和草地，它们大体上代表了远景、中景、近景三个层次，在后期处理的过程中，除了修正错误之外，主要工作就是丰富这三个层次的内容，以获得正确的透视效果，保持画面中色调和光影关系的统一，使配景与主体建筑在细节上呼应性更强，更重要的是，深入细致地突出表现中景即建筑的效果。

课堂练习

请各位同学结合前面章节和本章所学习到的知识，对如图 5-90 所示的渲染图，进行建筑表现效果图的后期制作。

(a) 实例训练渲染图

(b) 实例训练效果图参考

图 5-90 实例训练图

第6章

效果图的色彩和光效处理

XIAOGUOTU DE SECAI HE GUANGXIAO CHULI

6.1 效果图的处理思路

6.1.1 效果图透视关系的处理

由于视觉原因，人们看到的同样宽度的道路、田野等，会感觉越远就越窄，看到人、电线杆、树木等，会感觉越远就越小，最后消失在视野的尽头，如图 6-1 和图 6-2 所示。我们把这种现象称为透视现象，我们看到的视野的尽头实际上就是消失点。

图 6-1　道路中的透视现象

图 6-2　田野中的透视现象

我们在进行几何体、静物、风景等绘画时，都必须掌握好透视规律，才能准确描绘出物体在空间各个位置的透视变化，使物体具有空间感、纵深感和距离感，如图 6-3 所示。

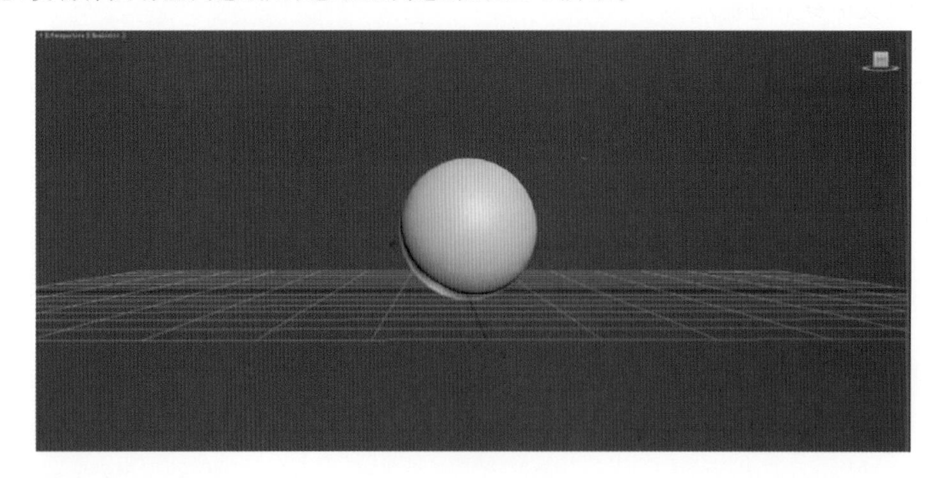

图 6-3　空间感

在一幅效果图中确定其透视点的方法如图 6-4 所示。

图 6-4　空间透视分析

理解消失点和视平线，对于制作建筑配景具有重要的意义。在后期效果图的处理过程中，一般会根据建筑的透视关系，建立透视辅助线，在此基础之上再进行相关配景的添加操作。这样做的目的很明显，就是为了从宏观的角度来把握整幅图的空间感，使之看起来更接近真实场景。

如果初学者在后期处理中，忽略了透视关系，那么制作出来的图像可能会显得不自然、不真实，因而也就失去了效果图的魅力。

专业指导：在 3D 软件中(如 Rhino，3ds MAX，SketchUp 等)的渲染图像不会显示视平线和消失点，对于初学者来说，单纯靠感觉来完成操作是很困难的。所以在 Photoshop 制作配景时，可以新建一个图层，沿着建筑的延长线绘制视平线和消失点，然后根据这些参考线进行配景的添加操作。

6.1.2 透视效果的种类

在 3ds MAX 中创建摄像机时候，通过调整摄像机(视点)和目标点的位置和角度，可以渲染得到不同消失点个数的透视图。根据消失点的个数，可以将透视图分一点透视(又称平行透视)，两点透视(又称成角透视)以及三点透视(又称斜角透视)三类。

一点透视(平行透视)是表现三维空间立体感的最基本的方法，它只有一个消失点。当建筑的一个面与摄影机视平面平行时，即可得到一点透视效果，常用于室内效果图表现，可以很好地表达图像中的场景进深效果，如图 6-5 所示。

二点透视(成角透视)顾名思义有两个消失点，建筑两侧的延长线形成一定角度，可以很好地对比出在太阳照射下建筑的受光面与阴影面，能让效果图立体感更强。二点透视也是一种在室内外建筑渲染图中比较常见透视方式，如图 6-6 所示。

三点透视(斜角透视)中包含了三个消失点，位于画面的两端的位置，这种透视手法非常适合于表达鸟瞰图中的场景，能够给渲染图带来更为强烈的真实感，如图 6-7 所示即为三点透视。

在前面介绍的一点和二点透视图中，建筑物的垂直方向的延长线均垂直于水平面，符合日常生活中我们所观察到的建筑景象。

图 6-5 一点透视构图

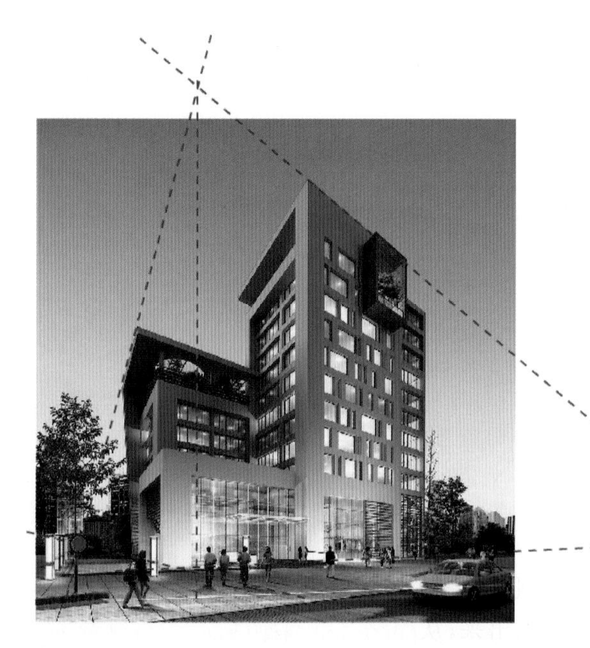

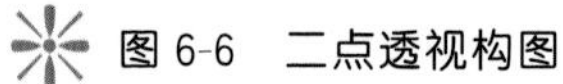

图 6-6 二点透视构图

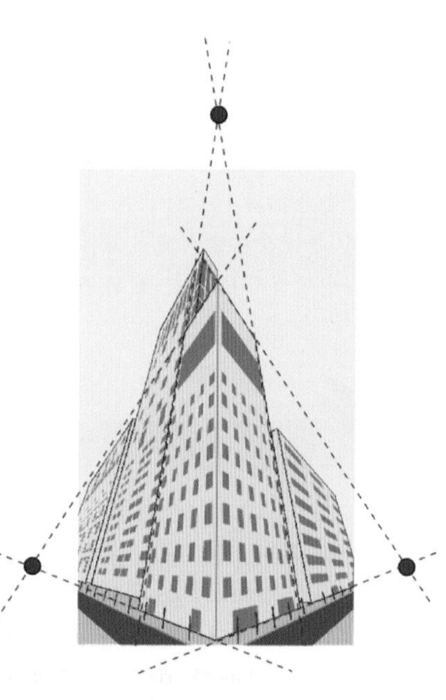

图 6-7 三点透视构图

6.1.3 画面中远近感觉的表示

“近大远小”是透视图中表达空间透视感的基本方法，但是只是将近处的对象绘制得大一些，以及缩小远处物体尺寸的大小来制作是远远不够的。

物体距离越远，看上去形象越模糊。此外，同样颜色的物体距离近则色彩鲜明，距离远则色彩灰暗。

如图 6-8 所示，远处的建筑和树木虽然满足“近大远小”的基本透视规律，但其颜色和亮度仍然很高，使整体效果显得不够真实。

通过在 Photoshop 中降低背景建筑图层的不透明度，减少背景建筑颜色的纯度和亮度，可以大大增加场

景的真实感和透视感，如图 6-9 所示。

图 6-8 失真的图像效果图

图 6-9 调整后的图像效果

远处的景物还存在着另外一种色彩现象：由于大气中蕴含水汽，物体在一定的距离之外偏蓝色，距离越远则偏蓝色的倾向越重，如图 6-10 所示。

图 6-10 群山的远景效果

根据配景离视点的远近，我们可以将画面中的对象划分为近景、中景和远景三个层次，如图 6-11 所示。针对不同的层次，可以使用不同的颜色处理方案，远景物体宜用纯度低的颜色，近景、中景对象宜用鲜艳的颜色。同时在不同近景、中景和远景物体之间也要将远近关系表达出来，从而获得空间感强烈、层次感分明的效果。

图 6-11 图面中的三个层次

6.2 建筑与环境的色彩处理

色彩大致分为冷、暖两种色调，冷色调给人以冷静、沉稳、安静的感觉，而暖色调则给人以浪漫、活跃、热闹的感觉。

在一幅后期效果图中不可能存在纯粹的暖色与冷色的色调搭配，否则会引发画面失真，如图 6-12 所示，画面中无明确的冷暖对比关系。冷暖色调需要以符合客观规律的方式进行搭配。

在一幅效果图中，颜色不能是单一的色调，否则看上去会缺乏真实的层次感，画面会显得非常的呆板。所以在实际工作中，一定要注意色彩的灵活搭配，包括建筑与周围环境关系或者建筑空间内部的色彩和谐，如图 6-13 所示。

图 6-12　失真的效果图

图 6-13　色彩搭配合理的效果图

6.2.1 修正渲染图的缺陷

在通常情况下经过渲染以后的图像通常会存在不同程度的缺陷，如色调失真、明暗对比不当、噪点过多和曝光过度等缺点。这需要通过后期处理软件的修饰，才能让效果图达到满意的真实效果。

如图 6-14 所示案例就是一个完成渲染的建筑图像，通过观察可以看出整个玻璃材质显得过于灰暗，缺少玻璃材质明亮、反光强的特点。这时可以通过使用选择工具选取图像中的玻璃材质，然后通过使用减淡工具将整块玻璃材质刷亮，经过这一步骤处理以后的玻璃效果就明显显得更加的通透、明亮和干净，如图 6-15 所示。

图 6-14　处理失当的玻璃材质效果

图 6-15　正确的玻璃材质效果

再例如对图 6-16 中的图像地面部分进行观察，会发现地面上深色铺装与原铺装的色调区别太大，不够协调。因此我们可以再次使用选择工具选取出这一部分，然后复制一个新的图层并进行刷亮操作，其结果如图6-17所示。

图 6-16 处理失当的地砖材质

图 6-17 刷亮后的地砖材质

对于后期渲染图的效果来说，最终整体的图面色调调整是非常关键的。在很多情况下最轻微的调整也能够导致整幅图的氛围与效果发生很大的改变。在图 6-18 中我们可以观察到整幅图像中颜色对比度较低、整体颜色偏黄，画面因此缺乏立体感而显得非常的平淡。因此，可以使用【色阶】命令快速调整图面效果，其设置方式如图 6-18 左上角对话框所示。

然后对图 6-18 进行增强后期效果图图面平衡感的处理，可采用【色彩平衡】命令，增强整个画面中的蓝色色系的效果，其设置如图 6-19 所示。由于色彩的对比度得到了增强，效果图立马呈现出了截然不同的视觉效果，被调整的渲染图中各个元素的关系显得更加清晰，视觉效果明显增强，如图 6-20 所示。

图 6-18 使用色阶命令调整图像

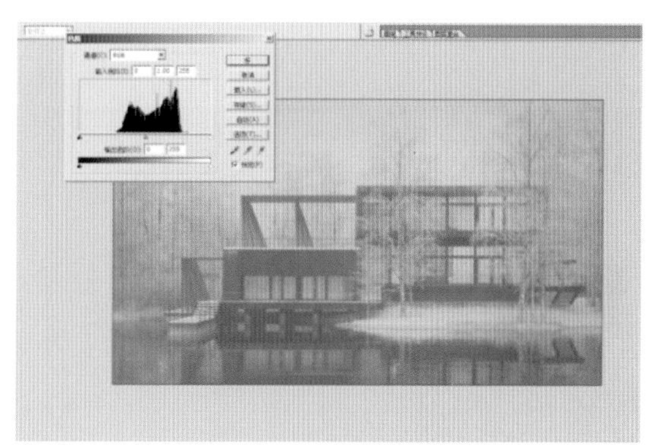

图 6-19 使用色彩平衡命令调整图像

图 6-20 最终的调整效果

由此可以看出，效果图整体色调的调整，需要经历多次不断尝试才能够完成。在完成了对主色调的调整之后，可以通过增强图像中的色彩对比程度来提升整个图面的视觉效果。

6.2.2 调和建筑与环境的色彩

在效果图的后期处理过程中，渲染图与素材配景需要在色彩效果上保持一致才能够确保画面的整体性。所以需要灵活的使用多种色彩工具对配景素材进行调整，以获得更加清晰、和谐的色彩效果。

通常情况下暖色系颜色与冷色系颜色是对比关系，在效果图处理过程中应当力求使画面的主色调属于同一色系。例如，先观察渲染图与素材的色调，如果与主景相比配景的素材颜色偏红，同时色彩的饱和度过高，导致从视觉上来看有失真的情况，那么先选取配景素材所在的图层，然后选择【色彩平衡】工具选项，拉动滑动条逐步降低画面中红色成分，直到得到满意的色彩效果；随后选择【色相/饱和度】工具，然后逐步降低素材中颜色的饱和程度。不断交替使用两个工具进行调整，直到获得满意的视觉效果为止。

6.2.3 建筑与环境的色彩对画面效果的影响

色彩的色调会对建筑效果图的画面效果产生非常明显的影响。如果建筑与环境均采用了冷色调色彩，如图 6-21 所示，整个画面效果就显得沉稳静谧，颜色变化程度较小，适用于室外建筑效果图的渲染表现。如果这时在图面处理中适当增加背景图片的亮度，如图 6-22 所示，图中建筑物的主体位置就会更加明显。在使用冷色调进行表现的时候应当选择好颜色的搭配与光影的明暗关系，否则图面效果会显得单调、呆滞，缺乏足够的层次感。

图 6-21　冷色调渲染图

图 6-22　调整远景后的效果

图 6-23　暖色调室内渲染图

在效果图中，暖色调的使用也比较常见，通常用于室内效果图的制作，以烘托出温暖的气氛，如图 6-23 所示。同时在室外建筑效果图中，暖色调也用来表达天气较好的时候的户外情景，如图 6-24 所示。暖色调在表现效果上很容易取得活跃的画面效果，但在色彩搭配过程中应当避免添加多种过于艳丽的色彩，这样会使画面显得过于嘈杂且主次不清。在方案中建筑作为主体不应使用过多的色彩种类，其他配景可以采用多种颜色，但其色彩饱和度与明度应低于主体建筑，这样才能创造出活跃的环境背景来烘托画面中的主要元素，如图 6-25 所示。

图 6-24　暖色调室外渲染图

图 6-25　丰富的配景处理

6.3 建筑与光影的处理

6.3.1 水面光影分析

光通过水面时会发生折射和反射，一部分光线折射到水里，一部分光线通过反射返回到空气中，又会再次投射到建筑物或者其他的植被上。水面因为光线的入射会变亮，看上去波光粼粼，而被岸边植反射的光线也会投射到水面，产生美丽的倒影，这样就产生了层次较为丰富的光线效果，如图 6-26 所示。

6.3.2 植物光影分析

光线照射到植被上，也会产生反射效果，植被受光照射的地方变亮，颜色变浅。而未受光照射的地方则会变暗，颜色相对较深。一般来说，在效果图中，如果光线从上往下照射，那么树冠的颜色相对较浅，树冠以下颜色逐渐加深，受光面颜色较浅，如图 6-27 所示。

图 6-26　水面倒影的效果

图 6-27　树木的光影特点

6.3.3 建筑的光影分析

光线在建筑物上的表现，一般在前期建模的时候，就已经将灯光效果调整得差不多了，后面只需要简单地调整光线的强弱程度即可，也可以根据效果表现的需要，局部提升建筑物的亮度，或者局部加深某些区域，以达到满意的效果，如图 6-28 所示。

在后期处理效果图的环境光的过程中，一定要在图面上把握好光线的变化规律，遵循光线的投射法则，理解光与建筑物和环境的互动方式，如图 6-29 所示。

图 6-28 平衡的光影效果

图 6-29 效果图中光线的处理

6.4 室内常用光效的制作要点

在处理建筑室内后期效果图的时候，应当注意室内外光源的位置，同时需要采用暖色调处理画面以营造出温馨的氛围。除此以外也应注重对室内装饰材料的材质表现，尤其是注重表现光照射到物体表面产生的颜色变化。

6.4.1 快速制作十字星光效果

快速制作十字星光效果的具体步骤如下。

步骤 1 选择【文件】/【打开】命令，打开文件【十字星光效果.jpg】，如图 6-30 所示。

步骤 2 新建图层，将其命名为【十字星光】，如图 6-31 所示。

步骤 3 单击工具箱中画笔工具，将笔触大小设置为 13，选择白色色彩，如图 6-32 所示。

步骤 4 使用辅助线，根据透视关系使用画笔工具描绘出十字星光，如图 6-33 所示。

步骤 5 双击新建的图层，在【图层样式】对话框中勾选外发光，其他参数设置如图 6-34 所示。

图 6-30 打开素材文件

图 6-31 重命名图层

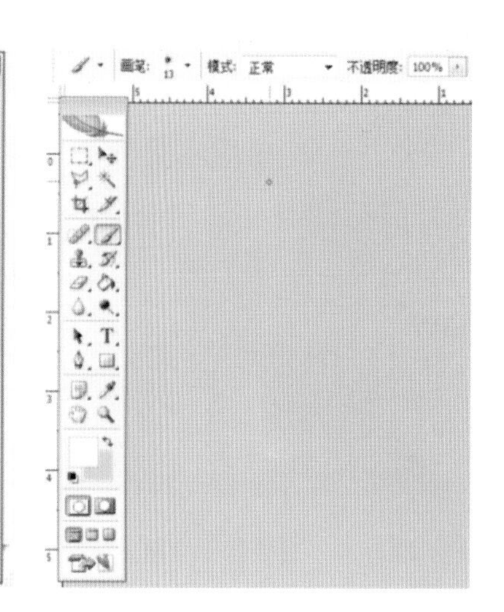

图 6-32 设置笔触参数

图 6-33 描绘十字星光

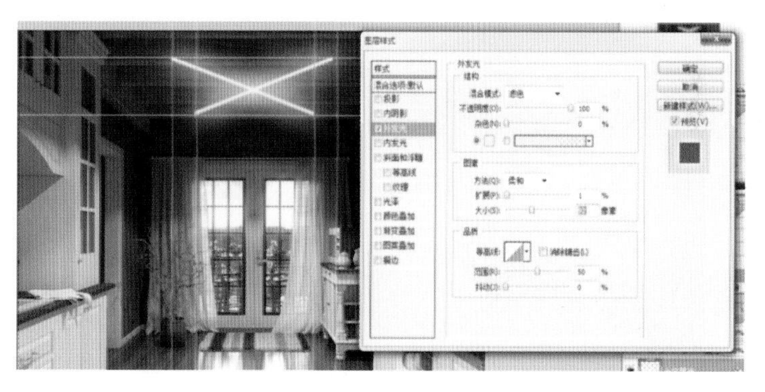

图 6-34 设置【图层样式】参数

步骤 6 设置新建图层的透明度，其参数设置如图 6-35 所示。

步骤 7 将新建图层的图层模式修改为【柔光】，得到的效果如图 6-36 所示。

图 6-35 设置图层透明度

图 6-36 设置图层模式得到的效果

图 6-37　最终的十字星光效果

步骤 8　选择橡皮擦工具，将不透明度设为 45%，擦拭光影边缘区域的效果，得到的最终效果如图 6-37 所示。

6.4.2　制作台灯的光晕效果

在进行室内效果图制作的过程中，常常会涉及室内光源的处理问题，如台灯效果的处理。其具体步骤如下。

步骤 1　选择【文件】/【打开】命令，打开文件【台灯光晕效果.jpg】，如图 6-38 所示。

步骤 2　使用 Ctrl+J 快捷键复制现有图层来新建一个图层，将其命名为【光晕效果】，如图 6-39 所示。

图 6-38　打开源文件

图 6-39　新建【光晕效果】图层

步骤 3　选取新建图层，选择【滤镜】/【锐化】/【锐化】命令，如图 6-40 所示。

图 6-40　选择锐化命令

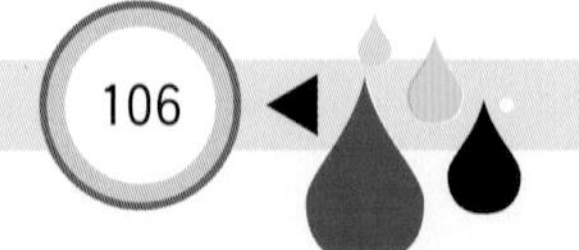

步骤 4 选择【滤镜】/【其他】/【高反差保留】命令，弹出【高反差保留】对话框，在对话框中设置【半径(R)】为 16.0 像素，如图 6-41 所示。

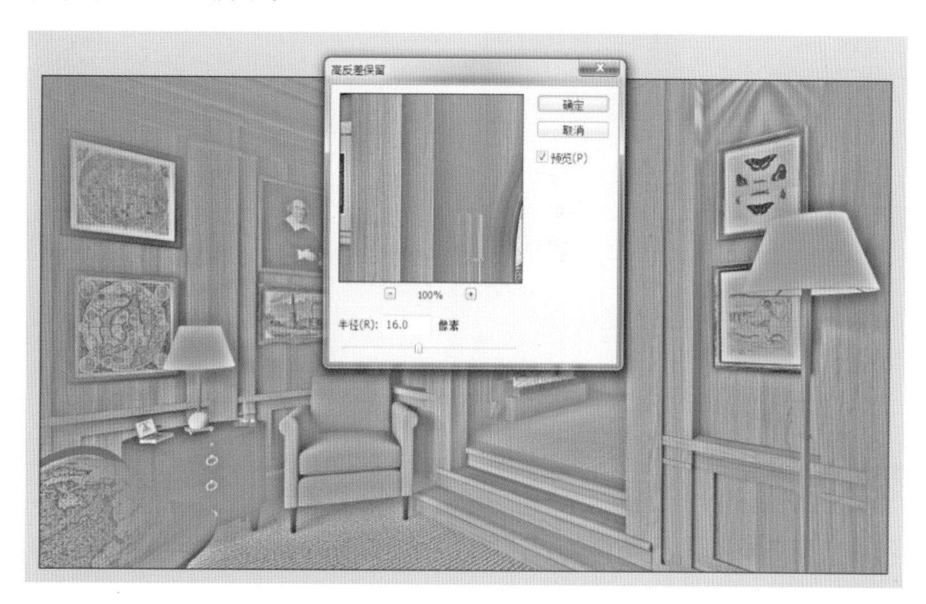

图 6-41 【高反差保留】对话框

步骤 5 选取新建图层，将图层模式设置为【柔光】，如图 6-42 所示。

步骤 6 合并现有两个图层，得到如图 6-43 所示的效果。

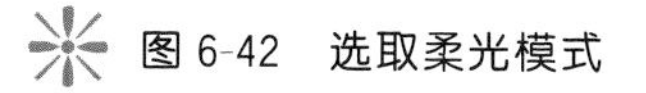

图 6-42 选取柔光模式

图 6-43 合并图层后的效果

步骤 7 使用 Ctrl+J 快捷键再次复制现有图层来新建一个图层，将其命名为【光照效果】，如图 6-44所示。

步骤 8 选取新建图层，选择【滤镜】/【光照效果】命令，弹出【光照效果】对话框，在其中将图层调暗，其参数设置如图 6-45 所示。

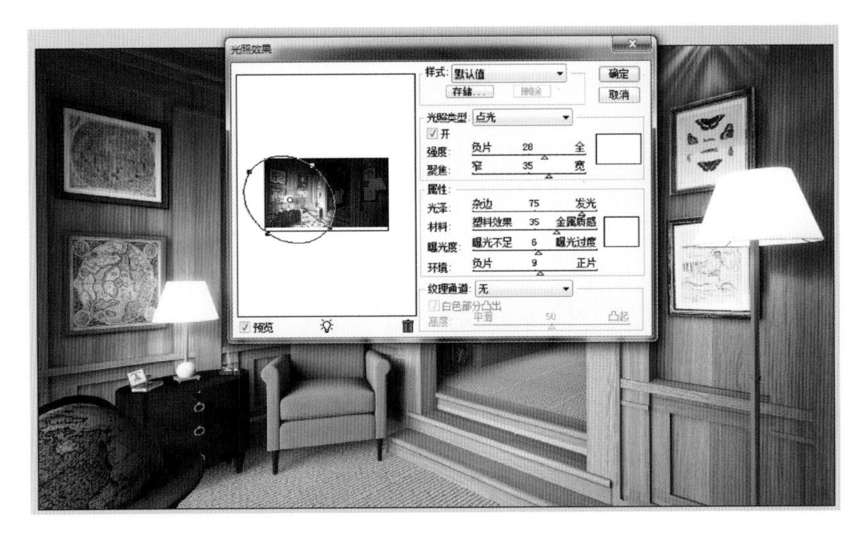

图 6-44 新建【光照效果】图层　图 6-45 设置【光照效果】对话框

步骤 9 选择橡皮擦工具，将不透明度设置为 2，擦掉黑暗地方的光照效果，最后将不透明度设置为 100，擦除台灯部分以及旁边的区域，如图 6-46 所示。

图 6-46 最终的台灯效果

6.4.3 制作舞台灯光效果

在效果图制作过程中，舞台灯光特效比较常见，其图面效果的处理重点在于光源和光束的制作，具体步骤如下。

步骤 1 选择【文件】/【打开】命令，打开文件【舞台灯光绘制.jpg】，如图 6-47 所示。

步骤 2 使用 Ctrl+Shift+N 组合键新建一个图层，将其命名为【舞台灯光】，如图 6-48 所示。

图 6-47　打开素材文件

图 6-48　新建图层

步骤 3　在新建图层上，使用多边形套索工具命令建立选区，然后选取前景色执行渐变命令，如图 6-49 所示。

步骤 4　执行羽化命令，将半径设置为 40 像素，选择 Ctrl+Shift+I 快捷键进行选区反向选择，然后按 Delete 键，得到效果如图 6-50 所示。

图 6-49　执行渐变命令

图 6-50　执行羽化命令

步骤 5　选取新建的图层，将图层模式设为【线性光】，将不透明度改为 65%，如图 6-51 所示。

步骤 6　选择【滤镜】/【高斯模糊】命令，弹出【高斯模糊】对话框，在对话框中设置相关参数，如图 6-52 所示。

步骤 7　使用多边形套索工具建立选区，选取新建图层中的光影底部，如图 6-53 所示。

步骤 8　使用 Ctrl+J 快捷键新建图层，将其命名为【阴影底部】。

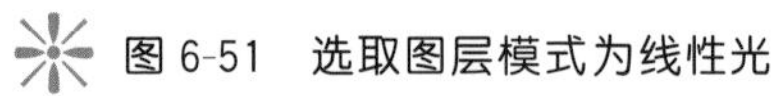

图 6-51　选取图层模式为线性光

图 6-52　设置【高斯模糊】对话框

步骤 9　执行羽化命令，将半径设置为 40 像素，使用 Ctrl+Shift+I 快捷键进行选区反向选择，然后按 Delete 键，得到最终效果如图 6-54 所示。

图 6-53　选取光影底部

图 6-54　舞台灯光的最终效果

6.5 室外常用光效的制作要点

在处理建筑室外效果图的时候，要特别关注光与建筑之间的关系。

6.5.1 制作夜晚汽车流光效果

在夜晚渲染图中加入流光效果，能够显著的提升画面的动感，具体步骤如下。

步骤 1 选择【文件】/【打开】命令，打开文件【汽车流光.jpg】，如图 6-55 所示。

图 6-55 打开源文件

步骤 2 使用 Ctrl＋Shift＋N 组合键新建一个图层，将其命名为【流光】，如图 6-56 所示。

步骤 3 使用钢笔工具绘制路径，如图 6-57 所示。

步骤 4 打开路径面板，右击绘制路径，在弹出的右键快捷菜单中选择【描边路径】/【模拟压力】命令。

步骤 5 双击图层，选择【图层样式】/【外发光】命令，得到的效果如图 6-58 所示。

步骤 6 重复上述命令，得到的最终效果如图 6-59 所示。

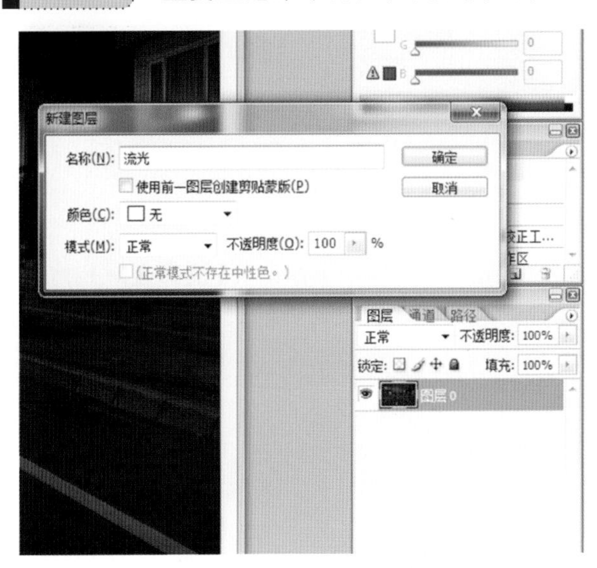

图 6-56 新建图层

图 6-57 绘制路径

图 6-58 执行外发光命令

图 6-59 汽车流光的最终效果

6.5.2 制作镜头光晕效果

为了表达摄像镜头中的真实感，常常在效果图中加入摄像镜头光晕特效以增强图面的现场感，具体步骤如下。

步骤1 选择【文件】/【打开】命令，打开文件【镜头光晕绘制.jpg】，如图 6-60 所示。

图 6-60 打开源文件

步骤2 选择【滤镜】/【渲染】/【镜头光晕】命令，如图 6-61 所示，在弹出的【镜头光晕】对话框中进行设置，如图 6-62 所示。在【镜头类型】选项组中选择相应的选项可以改变光圈的大小，拖动【亮度(B)】滑块改变光圈中的光亮度大小。其最终效果如图 6-63 所示。

图 6-61 选择【镜头光晕】命令

图 6-62　在【镜头光晕】对话框中设置参数

图 6-63　镜头光晕的最终效果

6.5.3 制作霓虹灯发光字效果

每当夜幕降临，城市中就会点亮闪烁的霓虹灯，这美丽的景象总是勾起人们对城市生活的向往，那么在效果图的后期处理中怎样来表现这种效果呢？下面介绍一种简单的制作方法，即使用图层样式命令来制作发光字体。

步骤 1　选择【文件】/【打开】命令，打开文件【霓虹灯素材.jpg】，如图 6-64 所示。

步骤 2 选择文字工具，在建筑大致的位置上输入【中国工商银行】，如图 6-65 所示。

图 6-64　打开素材文件

图 6-65　输入【中国工商银行】

步骤 3 双击文字图层，在工具选项栏中单击属性按钮，按图 6-66 所示设置文字的属性。

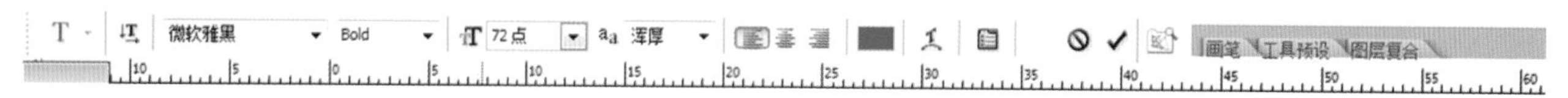

图 6-66　设置文字属性

步骤 4 观察图像，发光文字刚好处于弧形建筑上，所以相应的文字也要依据建筑产生这样的弧度，看上去才真实，使用 Ctrl＋T 快捷键，如图 6-67 所示。

步骤 5 单击图层面板下方的效果按钮，在弹出的菜单中选择“混合选项…”命令，如图 6-68 所示。

图 6-67　设置文字弧度

图 6-68　执行混合选项命令

步骤 6 打开【图层样式】对话框，在【混合选项-默认】列表中选择【外发光】选项，在其中设置相关

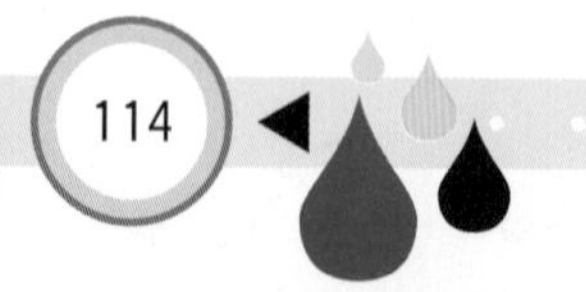

参数，如图 6-69 所示。

图 6-69　选择【外发光】选项

步骤 7　在【混合选项-默认】列表中选择【渐变叠加】选项，如图 6-70 所示。

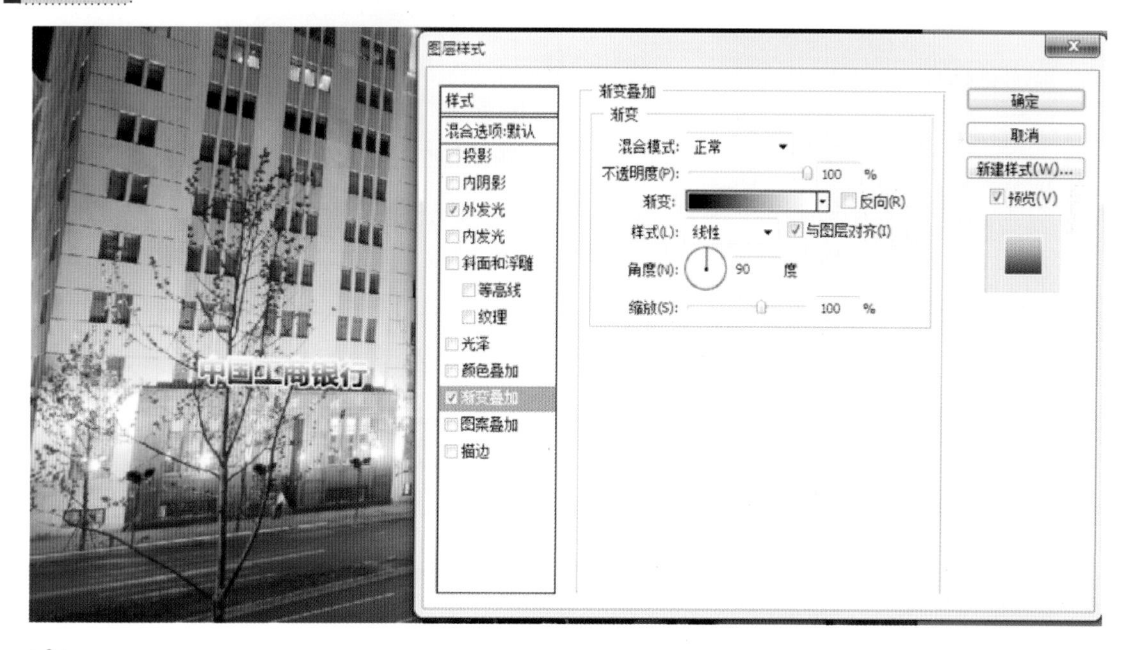

图 6-70　选择【渐变叠加】选项

步骤 8　单击【渐变】右侧的下拉按钮，弹出【渐变编辑器】对话框，如图 6-71 所示。

步骤 9　在【渐变编辑器】对话框中，设置【渐变类型(T)】为杂色，这样制作出来的渐变效果会更好，【粗糙度(G)】保持默认设置 50%，然后单击【随机化(Z)】按钮，如图 6-72 所示。

图 6-71 【渐变编辑器】对话框

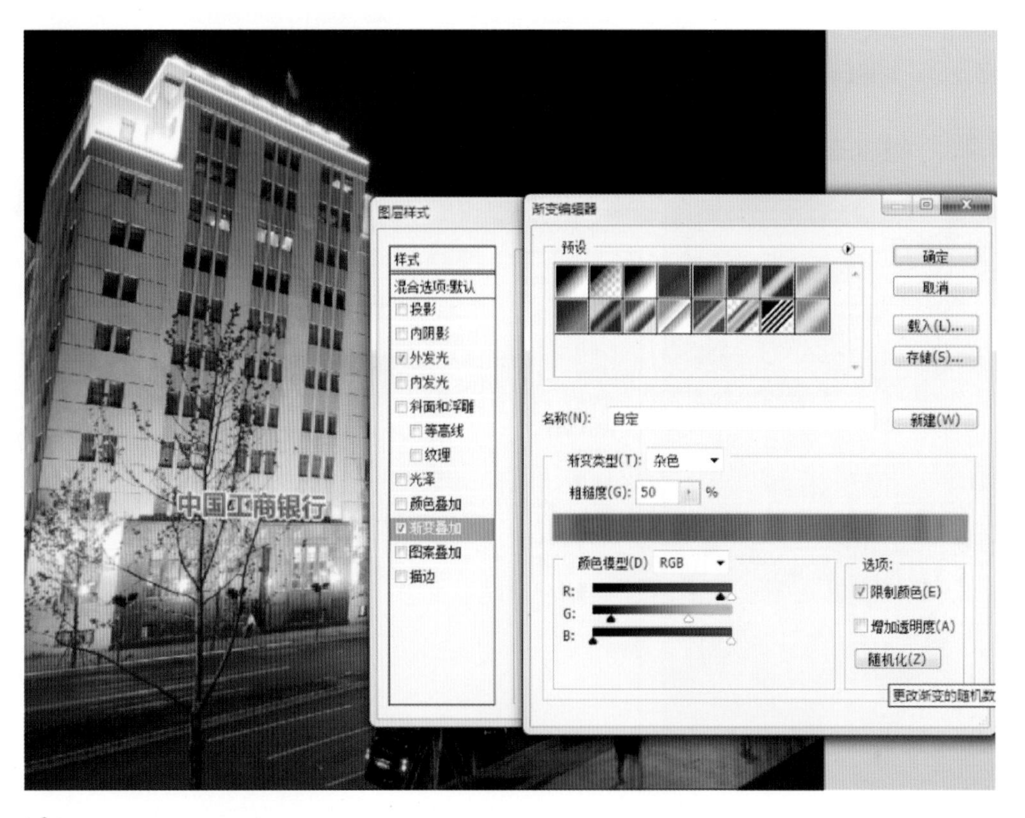

图 6-72 设置渐变参数

步骤 10 在文字效果修改好之后，单击【确定】按钮完成编辑，如图 6-73 所示。

步骤 11 格栅化文字，选择背景图层建立选区，擦拭掉多余的文字内容，如图 6-74 所示。

步骤 12 复制图层，选择【滤镜】/【动感模糊】命令，在弹出的【动感模糊】对话框中进行参数设置，如图 6-75 所示。

图 6-73　完成文字效果编辑

图 6-74　去除掉多余的文字内容

步骤 13　调整图层透明度与上下顺序，如图 6-76 所示。

步骤 14　最终效果如图 6-77 所示。

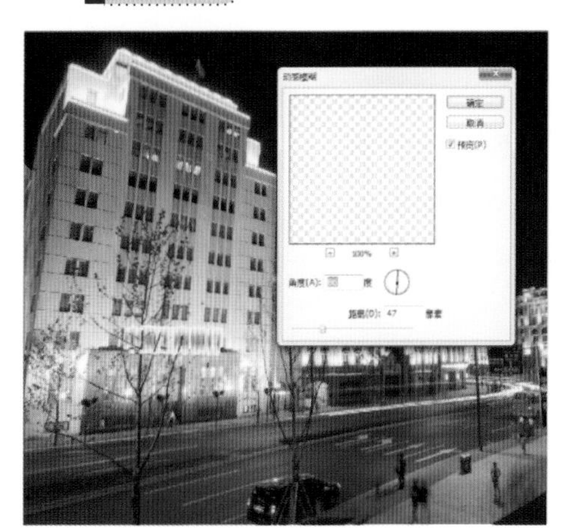

图 6-75　动感模糊参数设置

图 6-76　调整图层的顺序

图 6-77　最终效果图

6.6 实例演示——效果图日景和夜景的相互转换

通常情况下效果图日景与夜景的快速转换能够节省大量的制作时间，转换技巧的重点在于对天空与建筑光影关系的处理。

夜景亮化设计除了要求设计师能熟练掌握软件技巧外，更需要有设计思维。根据建筑的造型设计灯光效果，作图之前应先规划画图步骤，以及最终的获得效果，再开始绘制。

其作图步骤为：分析→画面处理→打光→环境处理→检查与确认。

6.6.1 分析

选择【文件】/【打开】命令，打开文件【夜景效果图制作.jpg】，如图 6-78 所示。

图 6-78　打开夜景效果图制作文件

关键点　此建筑为高档写字楼，夜景效果应表现出现代、时尚和大气的感觉。

照明方式　要营造这样的氛围，局部应使用投光、泛光、墙面提亮和其他方式，以局部点缀为主，这几种照明方式的配合也比较容易营造现代和时尚的氛围。

色温确定　使用黄光、蓝光为主色调。

6.6.2 画面处理

通过上面的分析，下面开始进行画面的处理，画面处理主要分为两部分：补图与分层。此项目图面还比较工整，所以不需要进行补图的工作，下面主要介绍文件的分层操作。

1. 复制背景图层

右击图层窗口的【背景】图层，在弹出的快捷菜单中选择【复制图层】命令或者选择【图层】/【复制图层】命令来创建一个背景副本以备后面使用，如图 6-79 所示。复制图层也可以使用 Ctrl+J 快捷键。

2. 降低画面明度

专业指导：降低画面明度的工具有很多，可以依据个人喜好来决定。例如：①【色相/饱和度】(Ctrl+U)；②【曲线】(Ctrl+M)；③【色阶】(Ctrl+L)；④【亮度/对比度】(无快捷键，可选择菜单栏【图像】/【调整】/【亮度/对比度】命令)。

图 6-79　复制背景图层

下面选择【亮度/对比度】命令来设置，如图 6-80 所示，逐步压暗图像。

3. 分层

分层可以将图面先大致分为天空、建筑、地面三个部分，如图 6-81 所示。抠图工具可使用钢笔工具 (快捷键 Ctrl+P)或套索工具 (快捷键 Ctrl+L)。抠完这三部分之后再分别对建筑和地面的元素进行分层处理。

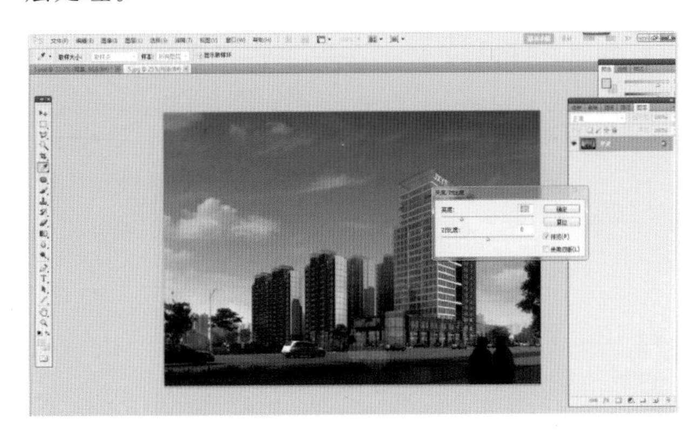

图 6-80　调节图层亮度/对比度

图 6-81　将图像文件进行分层处理

以此图为例，建筑部分有窗户、玻璃幕墙和不同立面的墙面等，地面部分有路面、树木等元素，需要将这些元素分别进行分层处理。

在分层的过程中，应考虑哪些地方可以打灯光，哪些地方可以放灯，使用什么灯具合适等问题，所以拿到图后，应认真看一下建筑的结构，并仔细进行分析。

6.6.3 打光

打光之前先要对场景的元素进行第二次压暗，主要是对亮度过高的元素进行降低明度处理，如图 6-82

所示。有些图片经过压暗处理后天空部分效果不理想，需要将天空替换成夜景模式下的天空图片。

模拟灯光的效果的方法有以下几种：①笔刷工具直接刷；②颜色减淡工具涂抹；③光斑叠加法；④滤镜中渲染工具的光照效果。

以上每一种方法都可以模拟出夜景模式下漂亮的灯光效果，具体步骤如下。

步骤 1 对建筑顶部打光，选择前景色为浅蓝色，使用画笔工具（快捷键 Ctrl+B）选择柔边的笔刷，不透明度设置为 30%，流量设置为 30%，颜色模式设置为【颜色减淡】，在建筑顶部需要打光的地方进行处理，其效果如图 6-83 所示。

图 6-82　降低效果图明度

图 6-83　对建筑顶部进行打光

步骤 2 使用多边形套索工具（快捷键 Ctrl+L）选中玻璃幕墙，复制一个新图层，使用画笔工具按照上面步骤对玻璃幕墙进行涂抹，如图 6-84 所示。

步骤 3 重复以上步骤，对玻璃幕墙中间部分进行处理，模拟蓝色灯光效果，如图 6-85 所示。

图 6-84　对玻璃幕墙进行打光

图 6-85　对玻璃幕墙的中间进行打光

步骤 4 对玻璃幕墙和建筑顶部细节进行处理，打上有冷暖变化的灯光，如图 6-86 和图 6-87 所示。

图 6-86　对玻璃幕墙进行打光

图 6-87　对建筑顶部进行打光

步骤 5　将裙楼部分用黄色的灯光提亮，如图 6-88 所示。

6.6.4 环境处理

环境处理包括：人、车以及它们的光影处理；其他细节部分处理，如地面上的灯打到路面上必定也会影响到草地上，所以草地也要刷亮一些，一些小的地方要不要加太多灯光效果，配景建筑也需要进行进一步的处理。

6.6.5 检查与确认

整体地检查一下图面效果有没有问题，灯光效果是否合理，建筑整体感是否统一协调，最后效果如图6-89所示。

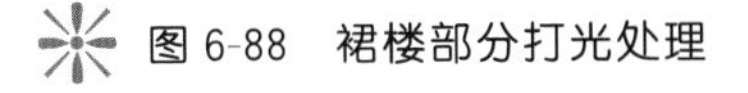

图 6-88　裙楼部分打光处理

图 6-89　最后调整效果

本章小结

效果图制作的基本思路具体如下。

(1) 对画面的处理应具备较强的整体观，对于设计构思应把握宏观的方向，如有些效果图是处理光影效果，有些是处理空间关系等。那么应恰当地根据效果图的主题选取适当的素材来完成整个效果图的制作。同时也要根据效果图的表现特点，确定构图以及透视关系和整体的色彩关系。

(2) 在确定了宏观方向以后，接下来就需要对画面中的细节部分进行润色处理，这部分要完成的工作就是选择合适的位置放置素材，调整素材的大小、透视、颜色、光泽等不同属性。

(3) 在完成对画面中每个不同元素的调整之后，又要回到整体角度上继续进行调整，调节整幅效果图的对比度、色阶、色相等属性，使整个画面的效果能够统一起来。

课堂练习

请结合前面章节和本章所学习到的知识，图 6-90 和图 6-91 所示的渲染图，进行建筑夜景效果图表现。

图 6-90　实例训练——日景改夜景渲染图

图 6-91　实例训练——日景改夜景效果图参考

第7章

鸟瞰效果图后期处理

NIAOKAN XIAOGUOTU HOUQI CHULI

建筑表现鸟瞰图通过三维空间关系，表现出建筑自身的形态特征以及与周边环境的关系，并使建筑与周边的环境融为一体。本章将通过讲解一个鸟瞰效果图案例来介绍鸟瞰图后期制作的方法与相关技巧，细致的讲解整个鸟瞰图制作的全部过程，从而让初学者能够掌握鸟瞰效果图绘制的相关技巧。

因为取景的缘故，在鸟瞰图中一般包含了建筑群与其周边相邻的自然与人工景观，不过在整体构图中建筑群必须出现在主体位置。鸟瞰效果在城市规划效果图中的应用也较为广泛，常见的有住宅小区的鸟瞰规划图、商业街的鸟瞰规划图、城市新区的鸟瞰规划图、市政广场的鸟瞰规划图等。

如图 7-1 所示的是一个商业步行街的鸟瞰效果图。

图 7-1　商业步行街鸟瞰效果图

如图 7-2 所示的是一个度假村规划的鸟瞰效果图。

图 7-2　度假村规划的鸟瞰效果图

如图 7-3 所示的是一个工业园区规划的鸟瞰效果图。

图 7-3 工业园区规划的鸟瞰效果图

由于鸟瞰图的制作涉及众多画面元素的透视、色彩与光影关系的调整，对于初学者而言常常会显得制作难度比较大而无从下手。不过只要了解了鸟瞰图的基本制作流程，并熟练掌握相应的制作技巧与方法，就能够顺利制作出具有专业水准的鸟瞰图。

在所有的鸟瞰效果图制作中，住宅小区鸟瞰效果图是比较常见的类型，它主要表达的是小区建筑群与周边人居景观的关系。运行 Photoshop 程序，使用 Ctrl+O 快捷键，打开【鸟瞰图】初始文件。其文件内容中包含了背景层，如图 7-4 所示。

图 7-4 打开鸟瞰图文件

下面的操作将会围绕如何丰富这幅鸟瞰图的效果来进行。

7.1 天空的处理

对于制作建筑鸟瞰效果图而言，天空是最重要的环境元素，在合适的透视比例关系下能够很大程度地增强画面的真实感。通过对现实生活的观察，我们可以发现在不同的时间与气候状况下，天空的色彩是不同的，而且它会非常强烈地影响效果图表达的效果与氛围。造型简洁、体量较小的室外建筑如果在缺乏其他建筑物、树木与人物等配景的情况下，可以利用浮云与色彩变幻强烈的天空作为背景图，以增强画面的丰富性与表达强度。由于下面将制作的是一个在白天包含建筑群与丰富配景的住宅小区鸟瞰图，所以应当选择颜色较淡、色彩变化平稳的天空元素，作为整个效果图的背景。

图 7-5　载入天空

同时，还应协调天空与小区鸟瞰图的透视关系。在这里可以先观察整个小区的透视关系，然后新建图层，根据三点透视原理运用画笔工具描绘出辅助线进行校正。在此案例中根据场景的俯视透视关系，我们将会通过采用添加云彩的方法来表示天空。其具体步骤如下。

步骤 1　先新建一个图层，将其命名为【天空】，选择【文件】/【打开】命令，打开文件【添加天空.jpg】，如图 7-5 所示。

步骤 2　通过【天空】通道将天空文件载入到鸟瞰图背景位置的选区中，使用 Ctrl＋T 快捷键打开图形变换框进入图片编辑模式，然后根据透视关系放大调整云彩的尺寸，并确定云彩的位置，如图 7-6 所示。

步骤 3　云彩的颜色需要与鸟瞰图中建筑的颜色相匹配，通过观察图面效果我们会发现云彩的色彩偏暗，与实际的情况明显不符。因此在这里可以对天空的亮度进行简单的调整，选择【色相/饱和度】命令，在弹出的【色相/饱和度】对话框中调整滑动条将画面变亮，然后执行羽化命令将参数设置为 45，如图 7-7 所示。

图 7-6　调整云彩尺寸

图 7-7　调整天空颜色

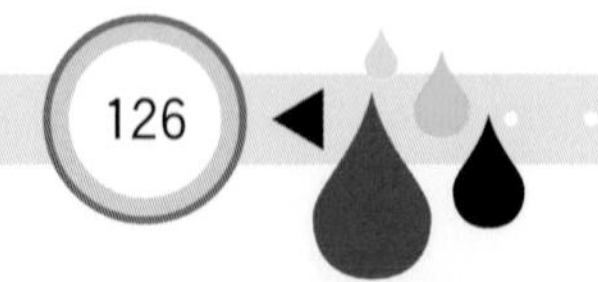

7.2 草地处理

为效果图添加草地，可以让整个图像看起来更为生动。首先需要找到一个合适的草地素材，一般以大片草地图片为主，以避免后期拼贴。其次就是应注意调整草坪的透视角度，可以使用Ctrl+T快捷键来适当地调整草坪的透视角度，这时候一定要确保草坪与鸟瞰图在透视关系上保持一致，以免出现画面失真的现象。

7.2.1 添加草坪素材

添加草坪素材的具体步骤如下。

步骤 1 选择【文件】/【打开】命令，打开文件【添加草坪.jpg】，如图7-8所示。

图7-8 添加草坪

步骤 2 选择背景通道中的【草坪】图层，使用魔棒工具选取如图7-9所示的区域。

步骤 3 切换到背景图层，使用Ctrl+C快捷键将草坪复制并载入到选定区域之中，如图7-10所示。

步骤 4 在完成载入图形以后，使用Ctrl+T快捷键打开图形变换框，将草坪大小与透视关系调整为如图7-11所示的效果，同时调整草坪图像的位置，使图像更加真实。

步骤 5 选择草坪图层，使用Ctrl+B快捷键执行【色彩平衡】命令，根据草坪与建筑物的关系，在弹出的【色彩平衡】对话框中调整色彩参数使其与建筑物的色调相符，如图7-12所示。

图7-9 使用通道进行选取

图7-10 复制草坪文件

图 7-11　调整草坪大小

图 7-12　调整草坪颜色

步骤 6　选择【亮度/对比度】命令，调整草坪上的光照强度大小，使其与建筑群上的光影效果相匹配，如图 7-13 所示。

步骤 7　使用 Ctrl＋L 快捷键，执行【色阶】命令，在弹出的【色阶】对话框中调整相关参数设置，然后单击【确定】按钮应用修改后的参数，其效果如图 7-14 所示。

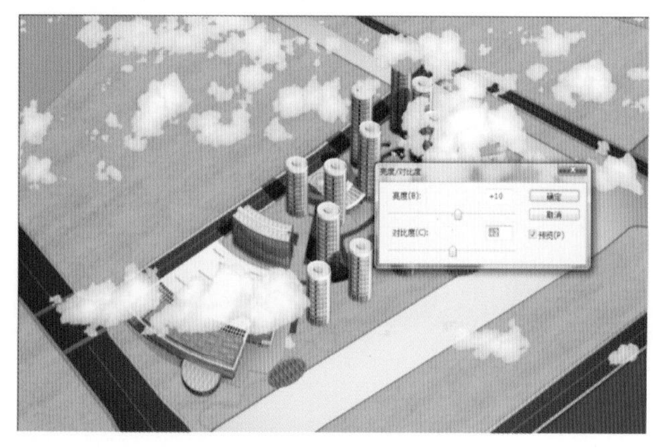

图 7-13　调整草坪光照强度

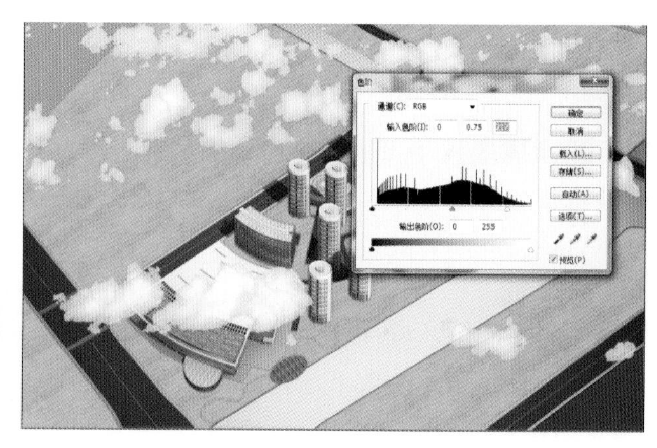

图 7-14　调整色阶参数

7.2.2　为草地添加建筑的阴影

在建筑后期效果图制作中需要添加建筑物与其他配景的阴影至草坪上，以增加鸟瞰图的真实感。在操作之前应当观察清楚建筑物自身的阴暗面，以及太阳光照射的高度和角度，来确定下一步的操作。其具体步骤如下。

步骤 1　选择【文件】/【打开】命令，载入【添加阴影.jpg】素材文件，如图 7-15 所示。

步骤 2　在【图层】面板中选取背景图层，使用 Ctrl＋C 组合键复制该图层，然后使用 Ctrl＋V 组合键创建新图层，将新图层命名为【建筑阴影】，在图层顺序中将阴影图层移动至背景图层之上。

步骤 3　按 Ctrl 键并单击建筑阴影图层以全选该图层的内容，按 Delete 键删除图层中的所有内容。

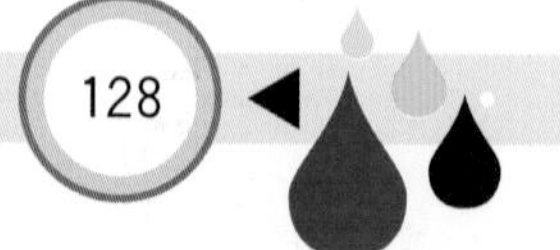

步骤 4 使用 Ctrl+G 快捷键选取油漆桶工具，然后选择黑色作为填充色填充整个建筑阴影图层，如图 7-16 所示。

图 7-15 载入素材文件

图 7-16 填充阴影图层

步骤 5 选择建筑阴影图层，设置【图层】面板中的【不透明度】与【填充】选项，将参数设为【35%】，如图 7-17 所示。

步骤 6 使用 Ctrl+T 快捷键调出图形变换框，根据光照角度调整整个建筑阴影的透视角度，同时部分建筑立面应当调暗以配合阴影效果，直到效果达到真实程度为止，如图 7-18 所示。

图 7-17 修改阴影不透明度

图 7-18 添加建筑阴影的最终效果

7.3 路面处理

7.3.1 添加路面

添加路面的具体步骤如下。

步骤 1 选择【文件】/【打开】命令，载入【添加路面.jpg】文件，如图 7-19 所示。

步骤 2 使用 Ctrl＋Shift＋N 快捷键创建【路面】图层，复制道路素材至新的图层，重命名该图层为【路面】，如图 7-20 所示。

图 7-19 载入素材文件

图 7-20 创建新的图层

步骤 3 选取图面中的道路部分，打开【道路素材.jpg】文件，使用 Ctrl＋T 快捷键变换素材形状使其能够与道路相互结合，如图 7-21 所示。

步骤 4 重复上述步骤，直到道路素材覆盖整个小区为止，得到的效果如图 7-22 所示。

图 7-21 变换路面尺寸

图 7-22 完成路面制作

步骤 5 选择【滤镜】/【杂色】/【添加杂色】命令，在弹出的【添加杂色】对话框中设置相关参数，如图 7-23 所示。

步骤 6 一般情况下，路面的颜色偏蓝、偏暗，所以要对路面颜色进行调整，使用 Ctrl＋M 快捷键，打开【曲线】对话框，将控制区域调整至如图 7-24 所示的形状。

步骤 7 选择加深工具，将参数调整为 30％左右，范围选择【阴影】，对路面的中间位置以及边缘区域进行加深处理，按 Shift 键并在起始点和结束点单击鼠标，如图 7-25 所示。

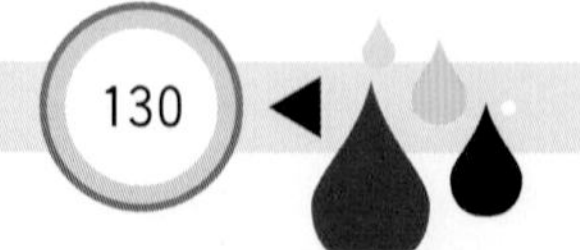

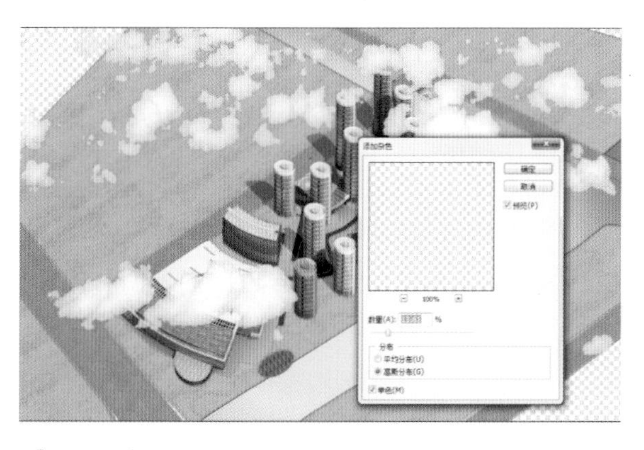

图 7-23　设置添加杂色参数

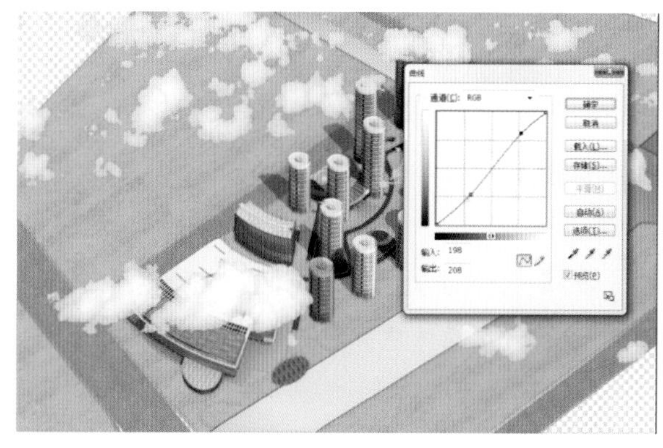

图 7-24　设置曲线调整命令

步骤 8　选择减淡工具，设置强度为 80%，范围选择【高光】，对图像路面中车轮经过的区域进行减淡处理，按 Shift 键并在起始点和结束点单击鼠标，其图面效果如图 7-26 所示。

图 7-25　执行加深命令

图 7-26　执行高光命令

步骤 9　使用 Ctrl+B 快捷键，打开【色彩平衡】对话框，在对话框中设置相关参数，如图 7-27 所示。

步骤 10　制作完成的道路效果如图 7-28 所示。

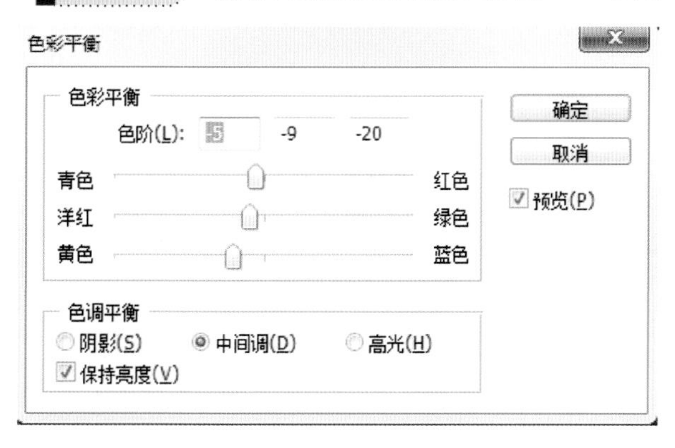

图 7-27　设置色彩平衡参数

图 7-28　最终的道路制作效果

7.3.2 添加斑马线

在画面上较显眼位置的多车道公路，必须有斑马线、道路中心线或者绿化带之类的元素。下面介绍绘制斑马线的方法，通过使用矩形选框工具绘制矩形，并复制出一排矩形作为斑马线，然后根据画面的透视关系使用 Ctrl＋T 快捷键调出图形变换框，对斑马线进行变形处理，使它的透视关系符合其在鸟瞰图中的位置。具体步骤如下。

步骤 1 新建【斑马线】图层，使用矩形选框工具绘制白色矩形，复制矩形并打开图像变换框，移动图像的位置，然后使用 Ctrl＋Shift＋T 快捷键快速复制并移动图像，然后绘制出斑马线的图像，如图 7-29 所示。

步骤 2 合并上一步创建的斑马线图像，根据鸟瞰图在不同位置的透视关系，复制并调整图像的大小与透视角度，最终效果如图 7-30 所示。

图 7-29 制作斑马线

图 7-30 斑马线的最终效果

7.3.3 添加车行效果

为了确保鸟瞰图的真实效果，应当在马路上添加车行的效果，并且通过添加车辆行驶效果可以为图面效果增添动感，使整个图面氛围变得更加活跃。同时为了让添加的图像显得有真实感，应当考虑为汽车加入阴影的效果。具体步骤如下。

步骤 1 新建图层，将其命名为【车辆】，如图 7-31 所示。

步骤 2 选择新建的图层，打开材质库，将名为【汽车.jpg】的文件添加到鸟瞰图之中，如图 7-32 所示。

图 7-31 新建【车辆】图层

图 7-32 添加车辆

步骤 3 根据鸟瞰图的透视关系，使用 Ctrl＋T 快捷键调出图形变换框，修改汽车元素的大小与透视角度关系，如图 7-33 所示。

步骤 4 重复上述操作，继续在视图当中添加车辆，如图 7-34 所示。

图 7-33 调整车辆透视关系

图 7-34 继续添加车辆

步骤 5 打开材质库，将其中的【绘制车行痕迹.jpg】载入到鸟瞰图中，并使用 Ctrl＋T 快捷键调整大小与透视关系，如图 7-35 所示。

步骤 6 选择【滤镜】/【模糊】/【动感模糊】命令，在弹出的【动感模糊】对话框中设置相关参数，然后单击【确定】按钮，如图 7-36 所示。

图 7-35 添加车辆行驶轨迹

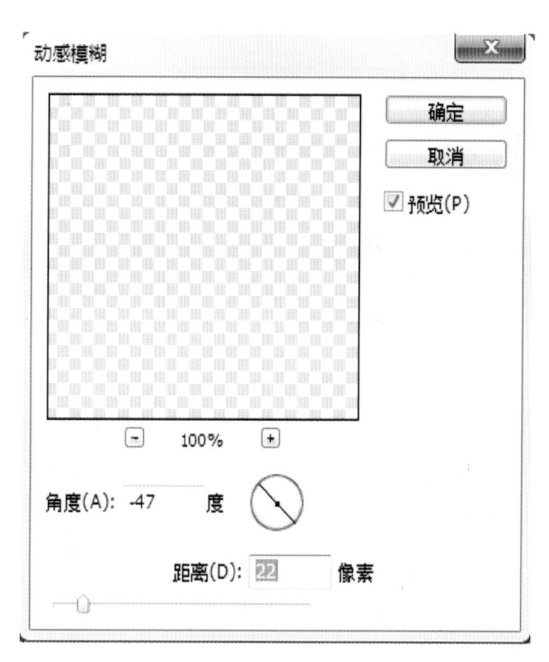

图 7-36 设置动感模糊参数

步骤 7 按照图 7-37 所示来设置参数，调整汽车尾迹所在图层的混合模式与不透明度，以增强其真实感，得到如图 7-38 所示的效果图。

图 7-37 调整图层参数

图 7-38 调整之后的效果

下面将为汽车添加阴影效果，其原理与给其他物体添加阴影的原理一样，同样需要遵循图面中的基本透视关系。

步骤 8 选择汽车所在的图层，使用 Ctrl＋J 快捷键复制这一图层，将新图层命名为【汽车阴影】，然后调整图层顺序，将【汽车阴影】图层顺序置于【汽车】图层之上，如图 7-39 所示。

步骤 9 按 Ctrl 键并用鼠标单击全选汽车阴影所在的图层，按 Delete 键删除选区中的全部内容，然后使用油漆桶命令将选区全部涂黑，随后调整【汽车阴影】图层面板中【填充】的数值为 50％，如图 7-40 所示。

步骤 10 使用羽化命令修改选区阴影的边缘区域，设置【羽化半径(R)】的数值为 5，如图 7-41 所示。

图 7-39 调整图层顺序

图 7-40 调整透明度

图 7-41 执行羽化命令

步骤 11 选取【汽车阴影】图层中的全部阴影元素，使用 Ctrl＋T 快捷键调出图形变换命令框，根据鸟瞰图中的阴影关系调整汽车阴影的大小与透视角度，如图 7-42 所示。

步骤 12 重复上述命令，直到完成所有的调整为止。

步骤 13 为营造出阴影中的深浅关系，可选择【图像】/【调整】/【色相/饱和度】命令，改变阴影的明度直到图面效果令人满意为止，如图 7-43 所示。

图 7-42 调整阴影角度大小

图 7-43 汽车阴影的最终效果

7.4 制作水面

水和地面的关系在图面上可以理解为流动场景与静止场景之间的关系。现代的规划设计效果图尤其关注不同类别场景间的衔接关系，以准确地表达建设开发和生态环境的关系。这种衔接关系具体表现在道路、地块与水的交叉、交错、交叠，这些元素之间的关系是立体和多样的。本案例鸟瞰图中含有流动的河流与湖，下面通过介绍添加水面的方法来讲解鸟瞰图中水体的制作。

由于在鸟瞰图中常常出现水体，因此制作效果图的时候需要思考水面图像中的明暗变化是否与建筑群以及其他配景相互吻合。在水面上添加倒影的过程中，一般将建筑群以及周边相关的配景等图像通过复制并新建图层，然后进行垂直翻转操作，通过调节阴影透明度的变化来控制倒影的效果，使水面与鸟瞰图较好地融合到一起。为了增强视觉效果，建筑物在水面中的倒影有时可以使用滤镜创建出的波纹效果来实现。

图 7-44 调整水面大小

制作自然湖面的具体步骤如下。

步骤 1 选择【文件】/【打开】命令，打开文件【制作自然湖面.jpg】和【水波.jpg】，将水波文件移动至文档中并根据透视关系放置于合理的位置上，如图 7-44 所示，使用自由变换命令，调整图像的大小及位置。

步骤 2 使用多边形套索工具选取水体靠近岸边的部分，然后执行羽化命令，参数设置如图 7-45(a)所示，让水体与陆地连接的地方更为柔和，其最终效果如图 7-45(b)所示。

(a)

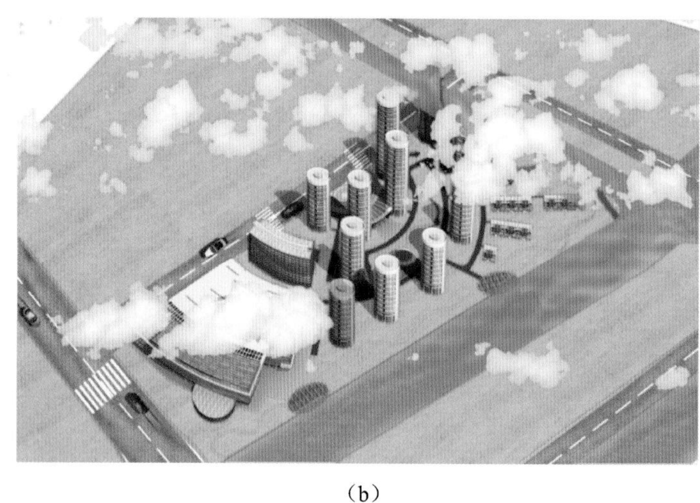

(b)

图 7-45　设置羽化效果

步骤 3 选择【滤镜】/【扭曲】/【波纹】命令，在弹出的【波纹】对话框中设置相关参数，如图 7-46(a)所示，得到的效果图如图 7-46(b)所示。

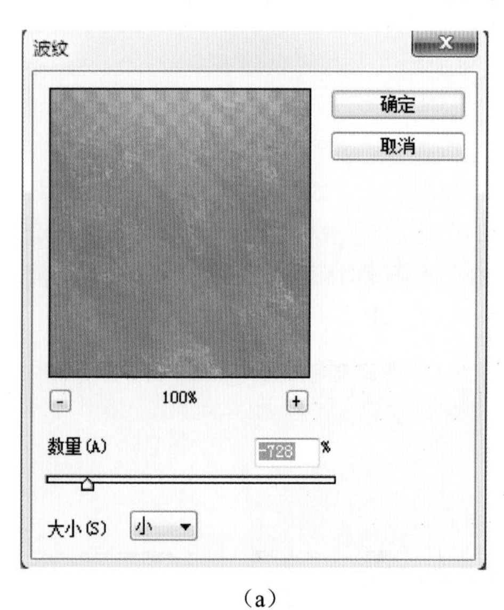

(a)

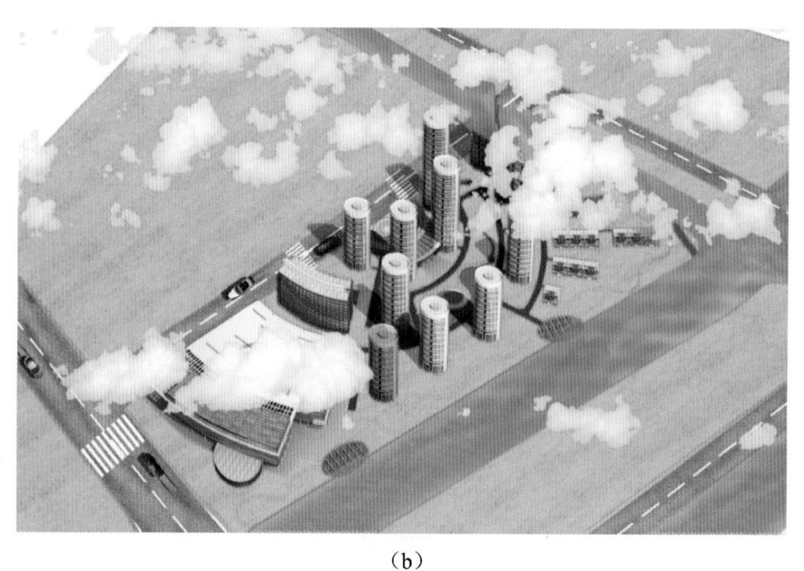

(b)

图 7-46　制作水面的波纹效果

专业指导：可以在水面贴入天空图片素材，调节其不透明度，让水面倒映出天空的影像。

步骤 4 新建图层，使用黑色柔边画笔工具在水岸交接的地方进行绘制，并设置倒影图层混合模式为【柔光】，最后完成鸟瞰图中的水体制作，其效果如图 7-47 所示。

图 7-47　完成水体的制作

7.5 给水面添加倒影操作

给水面添加倒影的具体步骤如下。

步骤 1　使用 Ctrl＋O 快捷键，打开【水面倒影. jpg】素材文件。

步骤 2　选择素材图层，使用 Ctrl＋J 快捷键新建一个图层，并将这个图层命名为【水面倒影】。

步骤 3　选择新建的图层，将水面倒影素材复制并移动到当前的操作窗口之中，使用 Ctrl＋T 快捷键调出图形变换框旋转图像，根据透视关系使整个倒影素材能与河岸相平行，如图 7-48 所示。

步骤 4　在【水面倒影】图层中选择【滤镜】/【扭曲】/【波纹】命令，在弹出的【波纹】对话框中设置相关参数，如图 7-49(a)所示。再为【水面倒影】图层增加一个蒙版，然后使用渐变色进行填充，如图 7-49(b)所示，得到效果图如图 7-50 所示。

图 7-48　制作水面倒影效果

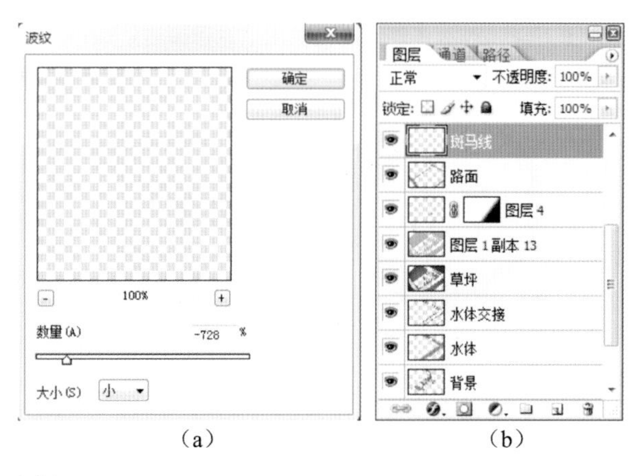

图 7-49　相关参数设置

步骤 5 由于水体与陆地相接触的地方过于生硬，需要进一步的操作来增强画面的真实感。在水体陆地相交处新建一个图层，并用黑色填充，如图 7-51 所示。

图 7-50 调整水面倒影图层的效果

图 7-51 处理水体陆地相接触的部位

步骤 6 选择新建图层，选择【滤镜】/【模糊】/【高斯模糊】命令，设置模糊参数为 65 像素，然后添加色相调整层将饱和度减少至－30，得到的效果如图 7-52 所示。

步骤 7 随后将图层模式设置为【柔光】，并将图层透明度设置为 80%，得到最终效果图如图 7-53 所示。

图 7-52 对水体陆地相接触部位进行模糊处理

图 7-53 调整图层模式得到最终效果

7.6 种植树木

根据"近大远小"的透视原理，在后期效果图上安排植被树木也是有主次先后顺序的。一般情况下，先放置画面主体附近的植被，如小区道路周边的树木，称其为行道树，然后根据画面中不同元素的关系再放置一些次要的植被，如灌木丛、各种花草等。

7.6.1 放置树木

放置树木的具体步骤如下。

步骤 1 使用 Ctrl+O 快捷键，打开文件夹中的【树木】素材。

步骤 2 新建一个图层，将其命名为【树木】。

步骤 3 将树木素材复制并移动至当前的图层中，根据透视以及与周边建筑的比例关系，调整好树木的尺度，随后将树木依次沿着建筑边缘方向放置，如图 7-54 所示。

步骤 4 使用 Ctrl+O 快捷键，打开在文件夹中的另一种树木素材，如图 7-55 所示。

图 7-54 添加树木

图 7-55 打开另一种树木素材

步骤 5 选中第二种树木，新建【树木 2】图层，在【树木 2】图层中将其放置于如图 7-56 所示的位置。

步骤 6 打开文件夹中的【灌木】素材，将其放置于如图 7-57 所示的草坪位置上。

图 7-56 放入树木素材

图 7-57 放入灌木素材

步骤 7 打开素材库中的其他颜色的灌木，按一定间距放置于绿色树木之间，以丰富画面效果，起到活跃氛围的作用，其效果如图 7-58 所示。

步骤 8 重复以上的操作步骤，将其他不同种类的树木放置于画面中，并且确保这些内容被放置于

【树木图层】中，其效果如图 7-59 所示。

图 7-58　放入不同种类的灌木素材

图 7-59　放入不同种类的树木素材

步骤 9　接下来的操作是调整树木的颜色，这是效果图中的比较重要的部分，为了使树木在表达效果上比周边其他植被元素更加显眼，因此需要对树木的颜色进行一定调整。使用 Ctrl＋B 快捷键，打开【色彩平衡】对话框，调整【高光】参数滑块，使树木色彩有暖色倾向，其效果如图 7-60 所示。在完成相关的调整步骤以后，树木的颜色在总体偏黄同时又带有高光的效果，就如同被太阳光线直射的效果。

步骤 10　为了增强树木的真实感，它们之间的应有参差不齐的高度差效果，将其中的一些树木高度增高，这样树木之间就会出现遮挡效果，这时应当使用选区工具框选取多余的遮挡树木部分进行删除，从而使图面的真实感得到加强，如图 7-61 所示。

图 7-60　调整高光效果

图 7-61　调整遮挡关系

在刚开始种植树木的时候，不要过于注重细节效果，而是应根据大概的位置关系将树木放置完毕，再检查树木与主体建筑以及效果图中其他配景的关系。有些树木因为操作上的疏忽与建筑位置发生了冲突，则应当将图面中多余的元素删除掉。

为了确保光影效果上的真实性，应当给鸟瞰图中的树木添加阴影效果。处理树木阴影的原则与放置树木元素的原则相同，也是先处理画面中最重要的植被部分的阴影特效，然后再完成次要部分的阴影特效。

7.6.2 给树木添加阴影

给树木添加阴影的具体步骤如下。

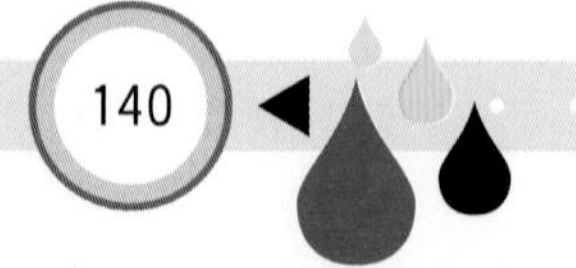

步骤 1 选取【树木 1】与【树木 2】图层，然后使用 Ctrl+J 快捷键将这两个图层复制为两个新的图层，并将其命名为【树木 1 阴影】和【树木 2 阴影】图层。然后调整图层顺序，将新建图层分别放置于【树木 1】和【树木 2】图层之上，如图 7-62 所示。

步骤 2 按 Ctrl 键同时单击树木阴影图层，从而全选图层内的全部树木内容。

步骤 3 按 Delete 键删除树木阴影图层中的所有内容，然后使用油漆桶命令将树木阴影图层中全部填充为黑色，将现有图层的【填充度】与【不透明度】数值均修改为 60%，如图 7-63 所示。

图 7-62 新建阴影图层

图 7-63 调整图层参数

步骤 4 按 Ctrl 的同时单击选中整个树木阴影图层，执行羽化命令，在弹出的【羽化选区】对话框中设置【羽化半径(R)】为 5 像素，以改善整个树木边缘的效果，如图 7-64 所示。

步骤 5 选取行道树位置的阴影，使用 Ctrl+T 快捷键调出图形变换框，根据光照角度调整【树木 1 阴影】图层阴影的大小与透视角度，使之与整个画面相协调，如图 7-65 所示。

图 7-64 执行羽化命令

图 7-65 调整光照角度

步骤 6 重复上述操作，完成对鸟瞰图中所有植物阴影的整个绘制过程，如图 7-66 所示。

步骤 7 随后使用橡皮擦工具，根据阴影与树木的遮挡关系，将多余的阴影擦拭干净，如图 7-67 所示。

图 7-66　完成阴影的绘制

图 7-67　删除多余的阴影

本章小结

鸟瞰效果图能较清楚地体现环境的概况，并且能非常直观、形象地反映环境与建筑群体的规划全貌，是表现建筑与园林效果的最重要方式之一。制作一张比较完整的鸟瞰效果图大致需要三个步骤：①在 CAD 中准确的完成对小区二维图形的建模；②将二维图导入 3D 渲染软件进行建模与材质的贴图处理，在设置摄像机与灯光的时候需要充分考虑各种因素，以便为鸟瞰图选择最佳的视角与光线明暗关系；③将渲染成果导入到 Photoshop 软件中，根据设计需要对建筑进行调整，以及对配景进行合理安排。

课堂练习

请结合前面章节和本章所学习的知识，将如图 7-68 和图 7-69 所示的渲染图，进行建筑表现鸟瞰效果图的后期制作。

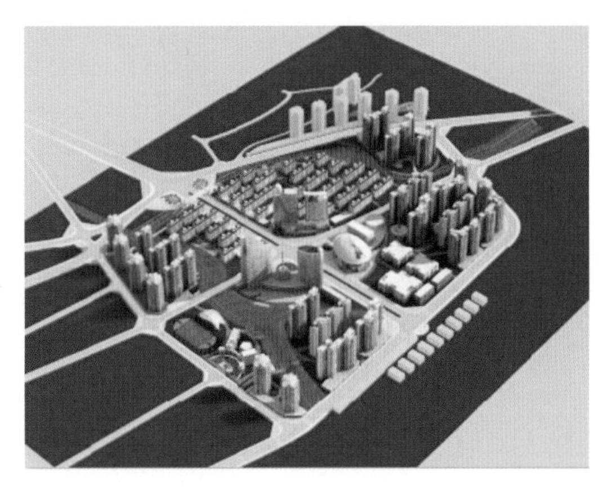

图 7-68　实例训练渲染图

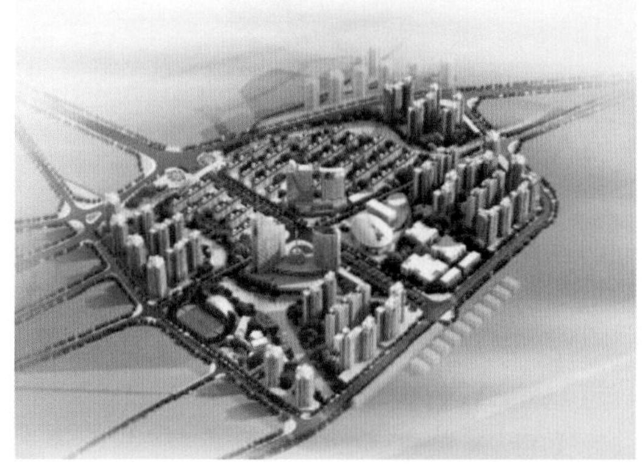

图 7-69　实例训练效果图参考

效果图的艺术处理

XIAOGUOTU DE YISHU CHULI

8.1 水彩效果制作

使用水彩效果处理画面前后对比如图 8-1 至图 8-4 所示。

图 8-1 未处理前效果一

图 8-2 水彩效果一

图 8-3 未处理前效果二

图 8-4 水彩效果二

本节通过以下实例，来介绍水彩效果的制作。打开如图 8-5 所示的图像文件，具体步骤如下。

步骤 1　新建【图层 1】，选择黄色，并将其填充满画布。选择【滤镜】/【纹理】/【纹理化】命令，设置【纹理（T）】为【画布】，设置【缩放（S）】为【200%】，设置【凸现（R）】为 4，如图 8-6 所示。然后将图层属性设置为【正片叠底】，其效果如图 8-7 所示。

图 8-5　打开图像文件

步骤 2　在图层面板中双击背景图层，将背景图层重命名为【图层 0】，重复复制【图层 0】三次。对【图层 0 副本 3】进行如下操作：选择【滤镜】/【模糊】/【高斯模糊】命令，在弹出的【高斯模糊】对话框中设置【半径（R）】为【50】像素，如图 8-8 所示。设置图层属性为【柔光】，设置图层透明度设为 99%，这样做有利于亮度对比度的调节，并且图像效果会比较柔和细腻。

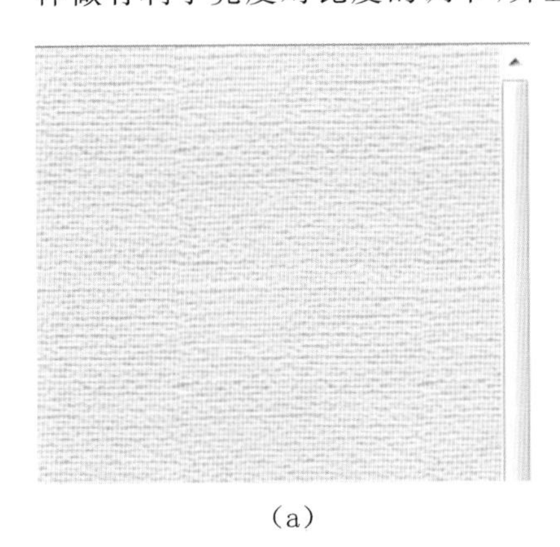

(a)

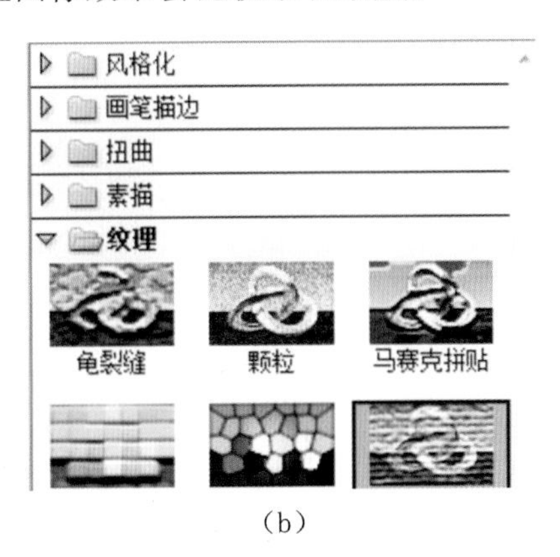

(b)

(c)

图 8-6　参数设置

图 8-7　正片叠底后的效果

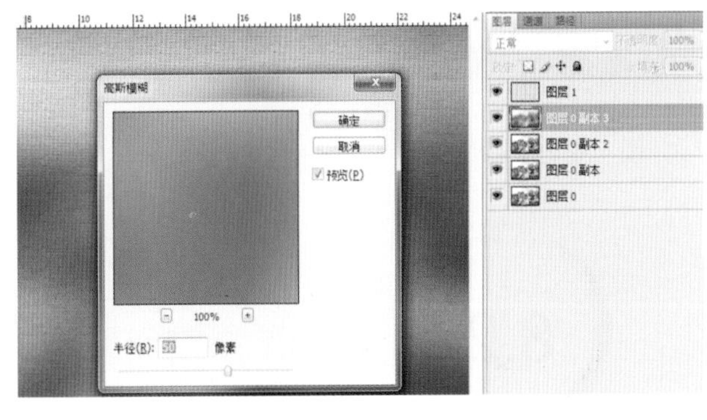

图 8-8　设置高斯模糊

步骤 3　对【图层 0 副本 2】进行如下操作：选择【滤镜】/【模糊】/【特殊模糊】命令，在弹出的【特殊模糊】对话框中设置相关参数，如图 8-9 所示。最终的水彩效果如图 8-10 所示。由于特殊模糊效果能把部分细节消除，使色块平稳过渡，并且能保证基本的线条感，所以适合用于建筑表现。同时，应设置图层属性为柔光，设置透明度为 99%。

图 8-9　特殊模糊参数设置

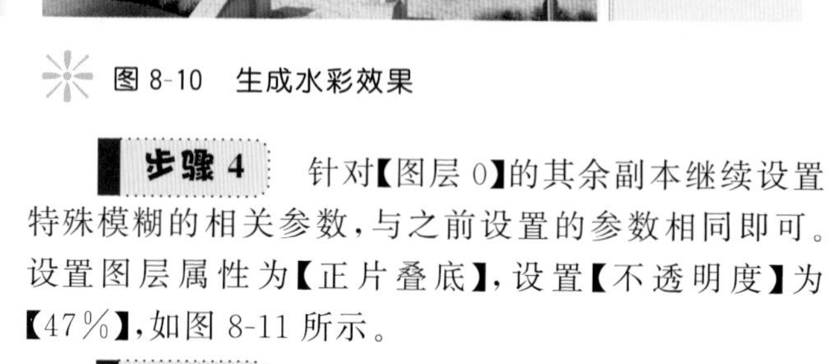

图 8-10　生成水彩效果

图 8-11　其他同层参数设置

步骤 4　针对【图层 0】的其余副本继续设置特殊模糊的相关参数，与之前设置的参数相同即可。设置图层属性为【正片叠底】，设置【不透明度】为【47%】，如图 8-11 所示。

步骤 5　将【图层 0】的图层属性修改为【柔光】，这样可以保证基本的细节和光影。最后可对图面整体色调进行调节，如图 8-12 所示。最终输出效果如图 8-13 所示。

图 8-12　对图面色调进行整体调节

图 8-13　最终水彩效果

8.2 线条效果制作

使用线条效果处理画面的前后效果如图 8-14 和图 8-15 所示。

如果想获得具有简单、质朴风格效果的图片，那么简洁明快的线条效果不失为一种很好的选择。线条效果模仿画家的绘画手法，用寥寥几笔就可以勾勒出迷人的线条，为作品增添艺术效果，如图 8-15 所示。打开如图 8-16 所示的图像文件，对其进行线条效果制作的具体步骤如下。

图 8-14 未处理前效果

图 8-15 线条效果

步骤 1 复制【背景】图层为【背景副本】图层。

步骤 2 选择【背景副本】图层，选择【图像】/【调整】/【去色】命令，使画面呈现灰度效果，接着复制【背景副本】图层，新建【背景副本 2】图层，如图 8-17 所示。

图 8-16 打开图像文件

图 8-17 执行去色命令并复制该图层

步骤 3 选择【背景副本 2】图层，使用 Ctrl+I 快捷键执行反相命令，设置图层的混合模式为【颜色减淡】，如图 8-18 所示。选择【背景副本 2】图层，选择【滤镜】/【其他】/【最小值】命令，在弹出的对话框中设置半径为 1 像素，完成后单击【确定】按钮，其效果如图 8-19 所示。

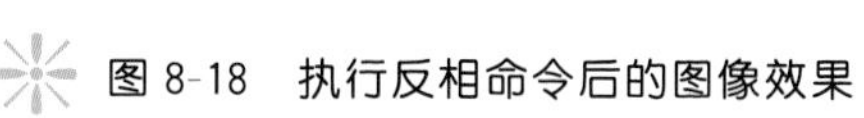

图 8-18 执行反相命令后的图像效果

图 8-19 执行最小值命令后的图像效果

如果感觉线条还不够理想，可以使用 Ctrl+F 组合键，调整线条效果，直到得到满意的效果为止。如图 8-20 所示是使用两次 Ctrl+F 组合键后的效果。

最后可以根据具体情况，选择【图像】/【调整】/【色相/饱和度】命令，选中【着色】复选框，然后调节色相、饱和度和拖动明度滑块，进行图面整体色调的调节，为画面填充合适的颜色，如图 8-21 所示。

图 8-20　执行两次滤镜操作后的线条效果

图 8-21　调整整体色调后的线条效果

8.3 彩铅效果制作

彩铅效果不仅细节丰富，而且可以使画面的整体颜色更具层次感，使用彩铅效果前后的对比如图 8-22 和图 8-23 所示。

制作彩铅效果的过程中，其前面三个步骤与制作线条效果是相同的，具体操作步骤如下。

图 8-22　未处理前效果

图 8-23　彩铅效果

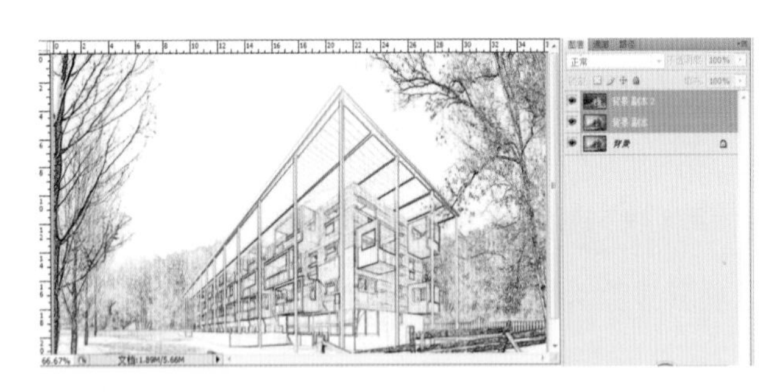

图 8-24　合并两个黑白图层

步骤 1　打开如图 8-16 所示的图像文件，复制【背景】图层为【背景副本】图层。

步骤 2　选择【背景副本】图层，选择【图像】/【调整】/【去色】命令，使画面呈现灰度效果，接着复制【背景副本】图层，得到【背景副本 2】图层，如图 8-24 所示。

步骤 3　选择【背景副本 2】图层，使用 Ctrl+I 快捷键执行反相命令，设置图层的混合模式为【颜色减淡】。选择【背景副本 2】图层，选择【滤镜】/【其他】/【最小值】命令，在弹出的对话框中设置半径为 1 像素，完成后单击【确定】按钮。使用 Ctrl＋E 快捷键，合并两个黑白图层为【背景副本 2】图层。

步骤 4 设置【背景副本 2】图层的【不透明度】值为【70％】，其效果如图 8-25 所示。

步骤 5 使用 Shift＋Ctrl＋Alt＋E 快捷键执行盖印图层命令，生成【图层 1】。复制【图层 1】为【图层 1 副本】，设置【图层 1 副本】的图层混合模式为【正片叠底】，如图 8-26 所示。

图 8-25 设置合并后的图层不透明度

图 8-26 正片叠底后的效果

步骤 6 单击图层面板下方的【创建新的填充或调整图层】按钮，如图 8-27 所示，在弹出的快捷菜单中选择【色相/饱和度】命令，在弹出的【饱和度】对话框中设置饱和度为－20，其最终效果如图 8-28 所示。

图 8-27 设置色相 /饱和度

图 8-28 彩铅的最终效果

8.4 雨景效果制作

雨景的效果能为画面增添一些特殊的魅力，为烘托画面的氛围起到较好的作用，使用雨景效果前后的对比如图 8-29 和图 8-30 所示。具体操作步骤如下。

步骤 1 打开如图 8-31 所示的图像文件，然后再打开如图 8-32 所示的阴天天空图像文件。将阴天天空的图像文件拖入打开的效果图文件中，在【背景】图层中，运用选择工具选取出天空部分，如图 8-33 所示。选择【编辑】/【贴入】命令，将复制的阴天天空图像粘贴到选区中，调整后的效果如图 8-34 所示。

图 8-29　未处理前效果

图 8-30　雨景效果

图 8-31　打开的效果图像文件

图 8-32　阴天天空图像文件

图 8-33　选择天空

图 8-34　将阴天天空贴到选区中

步骤 2　在【背景】图层中，选择【图像】/【调整】/【亮度/对比度】命令，在弹出的【亮度/对比度】对话框中设置各项参数，如图 8-35 所示。同时将【背景】图层和阴天天空所在图层合并为一个图层。

步骤 3　新建一个图层并将其填充为白色。在按 Alt 键的同时点击蒙版图标，添加一个黑色蒙版层。选择【滤镜】/【像素化】/【点状化】命令，在弹出的对话框中设置参数【单元格大小(C)】为 10，如图 8-36 所示。

步骤 4　选择【滤镜】/【模糊】/【动感模糊】命令，在弹出的【动感模糊】对话框中设置相关参数。设置角度为【60】，设置距离为【85 像素】，如图 8-37 所示。

图 8-35　参数设置及图像效果

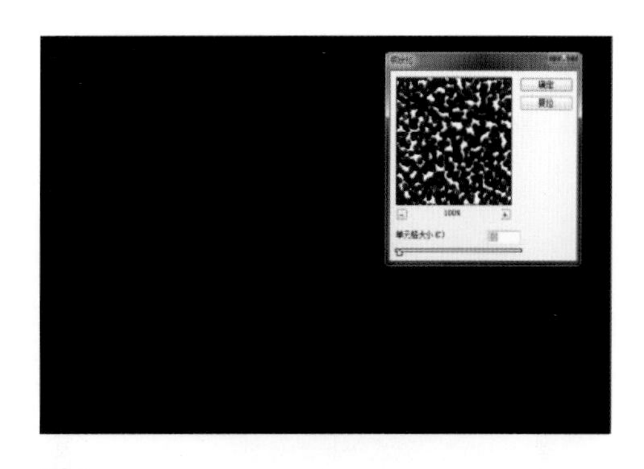

图 8-36　参数设置及图像效果

现在图像下方的倒影还偏蓝色，与阴天的感觉不太协调，此时只需要把倒影的色调稍加调整即可，其方法也可参见天空的处理手法。选择【编辑】/【贴入】命令处理后，再选择【图像】/【调整】/【色相/饱和度】命令进行调节，其最终效果如图 8-38 所示。

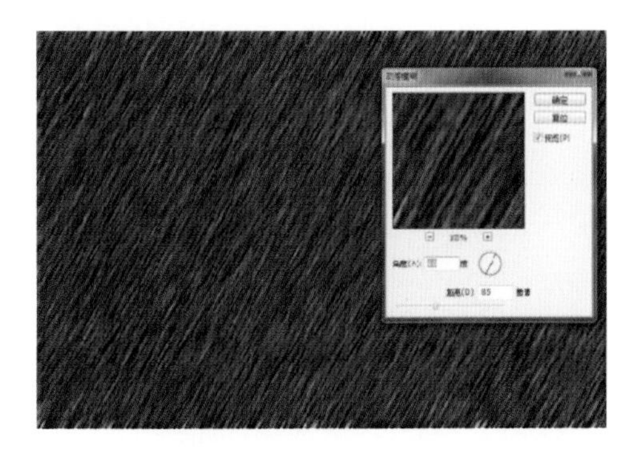

图 8-37　动感模糊参数设置及图像效果

图 8-38　雨景效果

8.5 雪景效果制作

雪景作为一类特殊的效果图，其表现效果的主要用于烘托场景氛围，并给人一种纯洁、美好的感觉，如图 8-39 和图 8-40 所示。具体操作如下。

图 8-39　未处理前效果

图 8-40　雪景效果

步骤 1 打开如图 8-41 所示的图像文件。将图片的颜色调整成冬天景象的色调。选择【图像】/【调整】/【色相/饱和度】命令，在弹出的【色相/饱和度】对话框中设置各项参数，如图 8-42 所示。

图 8-41 打开的图像文件

图 8-42 参数设置及图像效果

步骤 2 复制【背景】图层，生成【背景副本】图层。将【背景副本】图层设为当前层，选择【滤镜】/【像素化】/【点状化】命令，在弹出的【点状化】对话框中设置各项参数，如图 8-43 所示。点状化处理后的效果如图 8-44 所示。

图 8-43 参数设置

图 8-44 点状化处理后的图像效果

步骤 3 选择【滤镜】/【模糊】/【动感模糊】命令，在弹出的【动感模糊】对话框中设置各项参数。其中，设置【角度(A)】为【60】,【设置距离(D)】为【25 像素】，如图 8-45 所示。

步骤 4 将雪花的颜色去掉，使其成为白色的。选择【图像】/【调整】/【去色】命令，去除图像的颜色，其效果如图 8-46 所示。

图 8-45 参数设置及图像效果

图 8-46 执行去色命令后效果

步骤 5 将【背景副本】图层的混合模式调整为【滤色】，得到的图像如图 8-47 所示。调节图层的透明度为 62%，其最终效果如图 8-48 所示。

图 8-47　执行滤色后得到的图像效果

图 8-48　最终的雪景效果

8.6 云雾效果制作

云雾效果在效果图后期处理中也很常见，这种效果一般适用于鸟瞰建筑，可以让主题更加突出，同时使画面有一种独特的朦胧美感。使用云雾效果前后的对比如图 8-49 和图 8-50 所示。具体操作步骤如下。

图 8-49 未处理前效果

图 8-50　云雾效果

步骤 1　打开如图 8-51 所示的图像文件。按 D 键将颜色设置为默认状态，按 Q 键进入快速蒙版操作。选择【滤镜】/【渲染】/【云彩】命令，然后按 Ctrl+F 组合键 5 次，其图像效果如图 8-52 所示。

图 8-51　打开图像文件

图 8-52　执行云彩命令后得到的图像效果

步骤 2 按 Q 键退出快速蒙版操作。新建一个图层，并将其以白色填充，其效果如图 8-53 所示。再使用 Ctrl+D 组合键将选区取消。

步骤 3 单击橡皮擦工具按钮，选择一个虚边笔刷，设置选项栏中的【不透明度】数值为 50%，然后在场景中对填充的白色部分进行擦除，从而得到图像的最终效果如图 8-54 所示。

图 8-53 执行滤色后得到的图像效果

图 8-54 最终的图像效果

本章小结

本章详细地介绍了几种效果图后期处理的制作方法和技巧，其中包括水彩效果、线条效果、彩铅效果、雨景效果、雪景效果和云雾效果等。本章实例的操作过程中，穿插讲解了 Photoshop 软件中各种工具和命令的应用技巧，同时又强调了作品的艺术风格和特殊的表现形式。

课堂练习

1. 如何利用滤镜功能进行图像的艺术化处理以及实现特殊效果的表现。
2. 如何能够有效的对效果图进行整体把握。
3. 请认真总结建筑表现的几种风格形式。
4. 简述利用图层效果命令能够改变图层的哪些性质？
5. 完成一套完整的建筑设计方案文本，并将透视效果图进行两种以上的艺术处理。